The Exquisite Book
Of Paper Flowers

纸艺花全书

栩栩如生的纸艺花制作指南

〔美〕利维娅·切蒂◎著
程晓东◎译

北京科学技术出版社

图书在版编目（CIP）数据

纸艺花全书／（美）利维娅·切蒂著；程晓东译．—北京：北京科学技术出版社，2017.3
ISBN 978-7-5304-8354-1

Ⅰ．①纸…　Ⅱ．①利…　②程…　Ⅲ．①纸工－技法（美术）　Ⅳ．①J528.2

中国版本图书馆CIP数据核字(2016)第095830号

纸艺花全书

作　　者：〔美〕利维娅·切蒂	**译　　者：**程晓东
策划编辑：廖　艳	**责任编辑：**郑　玮
责任印制：吕　越	**图文制作：**周玲娜
出 版 人：曾庆宇	**出版发行：**北京科学技术出版社
社　　址：北京西直门南大街16号	**邮政编码：**100035
电话传真：0086-10-66135495（总编室） 0086-10-66161952（发行部传真）	0086-10-66113227（发行部）
电子信箱：bjkj@bjkjpress.com	**网　　址：**www.bkydw.cn
经　　销：新华书店	**印　　刷：**北京印匠彩色印刷有限公司
开　　本：710mm × 1000mm　1/16	**印　　张：**11.75
版　　次：2017年3月第1版	**印　　次：**2017年3月第1次印刷

ISBN 978-7-5304-8354-1/J·167

定价：49.80元

前　言

我在圣巴巴拉北部的山区长大，在户外度过了童年时光。通常我会穿上蓝色紧身连衣裤和中式拖鞋，挑一朵鲜花做成胸花别在胸前，这就是我一天的装扮。我通常会在大自然中开始崭新的一天。我的父母都是艺术家，他们进行陶艺创作和园艺创作，烹饪可口的食物，畜养牲畜，基本上过着波西米亚式生活。大约在我13岁那年，母亲偶然从农贸市场带回一些漂亮的鲜花插在水槽里，还鼓励我“随便玩”。最终，我的作品变成了父母朋友婚礼上的装饰花！从那以后，与鲜花为伴对我而言不再是暂时的爱好，而是我“长大以后”想要做的事。

从为婚礼和毕业典礼做装饰花开始，到装饰花亭，再到在花店工作，每一份新工作都使我对花艺的喜爱更加坚定，因为我学会了如何观察自然，并通过自己的双手再现自然。从旧金山艺术学院毕业之后，我搬到了纽约，在那里我得知世上还有一种职业叫“设计师”。我在《玛莎·斯图尔特婚礼》杂志谋得一份很棒的工作，在那里我知道了在手工制作工艺品这条路上，我并不孤独。几年之后，我创建了自己的花艺设计工作室，名字叫作“绿色花瓶”。我应一位客人的要求第一次做纸艺花是为一场加勒比式婚礼上的热带风味蛋糕做装饰花。

当时，第一个出现在我脑海中的就是木槿，我曾为之着迷许多年。木槿的花瓣让我想起一种双层皱纹纸，那种皱纹纸有竖向纹理，可以通过拉伸形成漂亮的褶子，就像真正的木槿一样。我从20世纪70年代一些时髦的纸艺花书刊上学到了用花艺胶带捆扎花艺铁丝的做法，但是未能做出像样的花瓣。当我重新观察鲜花时，我注意到花瓣的颜色是从顶部到底部逐渐变浅的。怎样才能在纸艺花上获得这种效果呢？最终，我想出了把纸浸入漂白液中的办法！使用漂白—晾干法，我不仅获得了颜色渐变的效果，还去掉了纸张原本的生硬感，使每一朵纸艺花都呈现独有的自然之美。现在，我制作的所有纸艺花几乎都会用到漂白的方法，这本书中介绍的大多数纸艺花也用到了这一方法。

从第一次做木槿开始，我就被纸艺花迷住了。我一头钻进地下工作室，把更多的纸张浸入漂白液中，看看会发生什么变化。我非常喜欢通过试验获得千变万化的效果，看看自己仅用棉纸、剪刀和漂白液究竟能创作出怎样的作品。当你制作这本书中的纸艺花时，我希望你大胆一些！但是在开始之前，一定要仔细阅读第一部分，了解制作这本书中所有纸艺花所需的材料和技巧。

在第二部分，你可以学到我最爱的26种纸艺花的制作方法（抱歉，这次没有

介绍太阳花的制作方法）。这部分中的大多数花对我都有特殊意义，因此我才选中它们。很多时候，客户要求我做一些从未尝试过的花，而结果却令人惊喜。我选择自己喜欢的颜色来制作这些纸艺花，但不想限制你的想象力，你可以尽情发挥想象力改变纸艺花的颜色。这也是纸艺花最奇妙的一点——你可以做一些与自然界中的花朵颜色不一样的纸艺花（就像第 132 页展示的蓝色花园玫瑰），而且每朵花都可以根据你自己的风格和摆放的位置来定做。虽然我提供了每种花的制作方法，但是我也鼓励读者改变花朵的尺寸，添加叶子、枝干和花蕾，用自己的双手做出独特的纸艺花。

在最后一部分，我介绍了一些绝妙的设计（比如花环、花冠、胸花、领花、桌面摆饰以及盆栽样式），当你掌握了每种花的制作方法后，你就可以创作出千姿百态的作品。最后一部分全是关于花朵组合的，能够培养你的创新能力。无论你是想做一个室内花园、一棵山茶花树，还是一件巨型纸艺花作品，都有无限的可能。

写这本书时，最大的挑战是为了写出详细的制作步骤而反复用同一种方法做同一种花。坦白地说，在写这本书之前，我从来没有用同样的方法制作过同一种花。当你开始做的时候，你也会感受到用同一种方法做同一种花是个巨大的挑战。我鼓励读者按照本书中的建议制作纸艺花，然后试着探索自己的方法，把自己的情感融入纸艺花创作中。就像我母亲常说的那样，尽情发挥你的想象力吧！

目　录
Contents

第一部分 基础

入门指南

在开始做本书中的任何一种纸艺花之前，你需要花点儿时间熟悉一下我在本章介绍的制作纸艺花需要准备的东西和一些基本技巧。一旦你掌握了裁剪模板、捆扎花艺铁丝、漂白、上色的方法以及粘贴花瓣、花蕾、叶子和枝干的基本技巧，纸艺花创作就变成了一件真正有趣的事情！当你掌握了以上方法和技巧后，你可以通过增加花朵数量、创新模板来创作出自己的纸艺花作品。我保证你不仅会用一种全新的视角看待鲜花，也将很难放下花艺胶带。

材料

无论是在网上商店还是在实体店购买，找到正确的材料十分重要。我通常一次性买很多，这样就有足够多的材料可以用了。刚开始你可以少买一点儿，看看自己喜欢哪个品牌。你可以在第 180 页找到我所用的材料的具体来源。

工具

以下是我最常用的工具，也是你制作本书中的纸艺花必备的工具。

切割垫板：尺寸不小于 46 cm×61cm。

多层剪刀：虽然这并不是必备工具，但是非常实用。它可以剪出统一的流苏花边，并且比一下一下地剪更节约时间。

热熔胶枪：最好是高热型的。把叶子固定到枝干上的时候，胶越热叶子就粘得越牢，也就越不容易脱落。

中号剪刀：主要用来裁剪棉纸和康颂卡纸。剪刀一定要锋利，这样才能剪出整齐的边缘。剪刀的刀刃不要太长（会妨碍裁剪），也不要太短（会使剪出的边缘不够整齐）。我喜欢用刀刃长 7.5 cm 的剪刀，因为这种尺寸的剪刀用起来更舒服，更容易控制。切记不要用布料剪刀，否则会毁了棉纸。

画笔：我会给叶子纸和花瓣纸上色，也会给晾干的豆荚上色，用它当花心。天然软鬃毛画笔对于控制上色很有帮助。

拼布尺：这种丙烯酸尺子带有格纹，配合旋转式切割刀，可以把棉纸切成更容易处理的纸条。我推荐 15 cm×60 cm 的拼布尺，它用起来最方便。

旋转式切割刀：可以一次切割 6 层棉纸的神器。

圆弧花边剪刀和锯齿花边剪刀：这些特殊的剪刀可以剪出花瓣的非常规边缘，

工具：

1 热熔胶枪

2 钳子

3 多层剪刀

4 中号剪刀

5，6 圆弧花边剪刀

7 旋转式切割刀

8 画笔

9 拼布尺

10 切割垫板

比如第 94 页的葡萄风信子、第 122 页的牡丹和第 38 页的樱花的花瓣边缘。注意，每隔一段时间都要用剪刀剪一剪锡箔纸，以使刀刃保持锋利。

钳子：我用的是花艺专用钳，普通的钳子也可以。

通用材料

双头花蕊：市面上可以买到或新或旧的花蕊成品，50 根一捆，形状和颜色多种多样，有黄色、红色、粉色、紫色甚至黑色的。

花艺胶带：这是制作纸艺花的主要材料，有许多种颜色，宽度有 2.5 cm 和 1.2 cm 两种。本书中的纸艺花需要 1.2 cm 宽的红色、黄色、白色、绿色、深绿色、金色、银色和棕色胶带。

花艺铁丝：你需要准备 16 号、18 号、20 号、22 号和 24 号直花艺铁丝，它们的标准长度为 46 cm，你可以根据自己的需要剪切。

水粉颜料：我用优质不透明水粉颜料给花瓣和叶子上色。

热熔胶棒：我有许多存货，可以随时把热熔胶枪插上电源，把叶子粘到枝干上。

家用漂白液：大多数棉纸的渐变色效果都是用稀释过的家用漂白液做出来的。

安全棉签：用来做罂粟花心（第 102 页）和细长形花蕾。与普通的棉签不同，安全棉签的中心是圆的，而且顶部略微隆起。注意，一定要买空心的安全棉签。

泡沫塑料板：别把这种材料跟做一次性杯子的材料弄混了，这种泡沫塑料板有白色和绿色的，被我用来制作盆栽。

陶土盆：纸艺植物也可以像真正的植物那样放在陶土盆中。大多数纸艺花作品需要标准尺寸的容器，这些容器可以在园艺中心和五金店买到。我喜欢看起来有些年头的陶土盆，不喜欢全新的。

白乳胶：这种黏合剂适合粘贴精美的棉纸、皱纹纸以及亮粉。它干净易干，使用简单。

通用材料：1 花艺胶带；2 双头花蕊；3 安全棉签；4 康颂卡纸和穆拉诺卡纸；5 热熔胶棒；6 水粉颜料；7 白乳胶；8 花艺铁丝；9 用花艺胶带缠好的花艺铁丝

纸张

康颂卡纸和穆拉诺卡纸：康颂卡纸有很多种颜色，很适合做纸艺花的叶子。它比手工卡纸略重一些，质量也更好。有暗纹的一面是正面，可以增加叶子的立体感，使其更加值得赏玩。这种纸是亚光纸，能使叶子的叶脉非常突出。上色后，这种纸的纤细纹理呈现的效果更加惊人。在大多数作品中，我用的是标准的绿色康颂卡纸，当然我也会用黄绿色、蕨绿色和海蓝色的。穆拉诺是另一个艺术卡纸品牌，穆拉诺卡纸的规格、纹理跟康颂卡纸一样，但是颜色更加明亮生动。

装饰纸：金属纸、花纹纸、洒金纸和印花纸都属于装饰纸。我喜欢用装饰纸来提升作品的设计感，把任何你喜欢的装饰纸都大胆地运用到创作中去吧。

双层皱纹纸：双层皱纹纸可以替代单层皱纹纸。我用这种皱纹纸制作木槿花（第 68 页）和其他一些花的花心。这种纸坚韧而有弹性，并有着很深的竖向纹理，这使它遇水会展开。当你把这种皱纹纸的边缘浸入漂白液中时，边缘会起皱，用其他纸则无法达到这种效果。制作超大型花朵时，这种皱纹纸是首选，因为它可以保持硬挺的状态。这种纸的特点是一面一色，即两面的颜色是不同的。

优质皱纹纸：优质皱纹纸用于制作需要展现纹理的更加精巧的花朵，或者很多花的花心。这种纸也有纹理，而且跟棉纸一样，必须沿着纹理的方向裁切。优质皱纹纸非常柔韧，做出的花朵更加柔美。我经常购买褪色的陈年优质皱纹纸，不过现在已经买不到了。

棉纸：常见规格是 50 cm×76 cm。本书中的大多数花瓣、花蕾和花心都是用棉纸做的。用这种材料做出来的花栩栩如生——光线透过半透明的纸张，就像大自然中阳光透过花瓣一样。棉纸很容易破损，就像真的花瓣那样容易被撕裂。在我用过的所有纸中，棉纸的漂白效果最佳，颜色渐变的范围最大。不要使用薄蜡纸代替棉纸，因为这种纸无法漂白。

加工纸张

了解纹理

也许你没有注意到，纸张和布料一样，也是有纹理的。纸张的纤维沿着一个方向排列，这会影响你裁剪纸张的方向。当你顺着纹理裁剪时，纸会合拢，基本上能呈现你想要的样子；但是如果你垂直于纹理裁剪，纸就会打卷扭曲。你可以仔细观察纸张的纹理，看看纤维沿哪个方向排列。如果看不出来，你可以握住纸的一端，让纸自然弯曲——纸张朝哪个方向弯曲，那个方向就是纹理的方向。你也会发现，沿着纹理更容易把纸撕开或折叠起来。

裁切纸条

先垂直于纹理把棉纸裁切成纸条，这样可以保证你在剪花瓣的时候沿着纸张的纹理裁剪。整齐的边缘对花瓣的最终形态和花的美感至关重要，一定要使用锋利的剪刀或者旋转式切割刀进行裁切，尤其是在制作花瓣或叶子时。棉纸价格低廉，如果边缘裁切得参差不齐，可以重新制作。

把棉纸裁切成纸条

在罗列制作每种花所需的材料时，我也会提供所需棉纸条的尺寸（通常我会提前裁切一摞这样的纸条）。棉纸的规格通常是 50 cm×76 cm，而本书中所用的棉纸条通常为 7.5 cm 或 10 cm 宽。裁切纸条的时候一定要垂直于纹理裁切，这一点非常重要。只有这样，才能沿着纹理裁切花瓣，这对花瓣的成形很关键。

你需要一块切割垫板、一把旋转式切割刀和一把拼布尺（A）。在切割垫板上叠放 6 张棉纸，使 50 cm 长的那条边与切割垫板的底边垂直，然后把棉纸裁切成 6 摞 7.5 cm×50 cm 的纸条和 3 摞 10 cm×50 cm 的纸条，这样就得到了 36 张 7.5 cm 宽的纸条和 18 张 10 cm 宽的纸条。记住，一定要垂直于纹理裁切。在剪花瓣的时候，把花瓣模板放在一摞纸条上，然后顺着纹理剪（B，C）。如果纸条长 76 cm，就说明你裁切错了方向。

A

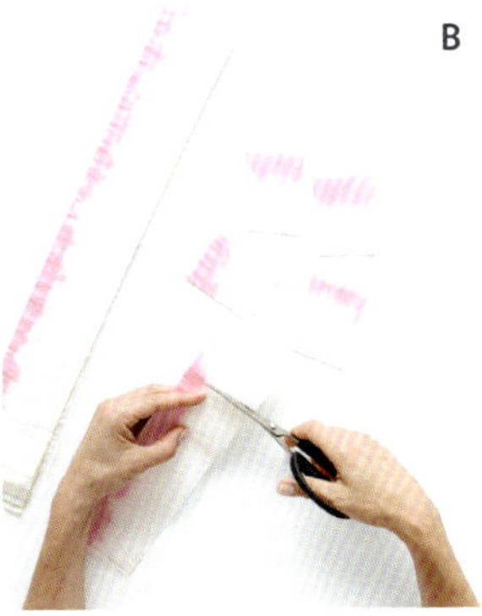
B

C

漂白与上色

漂白与上色是制造自然效果、玩转色彩的奇妙方法。我最喜欢的处理棉纸的方法是漂白和上色。我喜欢用水粉颜料给花瓣和叶子上色（第 10 页）。

大多数时候，我会把棉纸浸入稀释过的漂白液中漂白，最多浸 5 秒——时间再长一点儿的话，棉纸就会完全变成白色。我不喜欢黑色棉纸漂白的效果，所以我只把黑色棉纸浸入清水中，不放漂白液。皱纹纸也可以漂白，但是因为皱纹纸的克重几乎是棉纸的 2 倍，所以漂白时间也应相应延长至 2 倍。总的来说，纸张的克重越大，漂白的时间就越长。

将纸从稀释过的漂白液中拿出来悬挂晾干的速度越快越好。我在一张大塑料板上方支一个金属架，并且确保通风良好。如果不介意漂白液的漂白作用，你也可以在下面垫上布或围裙。在中等大小的玻璃碗或金属碗中混合 360 ml 自来水和 15 ml 家用漂白液，混合液至少 5 cm 深。不同品牌的棉纸与漂白液发生反应的时间不尽相同。我建议先按照这一通用比例配好稀释过的漂白液，再根据需要调整比例。把纸从稀释过的漂白液中取出来之后，过几分钟漂白效果才会显现。如果有必要，你可以调整漂白液与水的比例以得到预期的效果。如果想要淡雅的渐变色，可以多加些水；如果想要浓郁的渐变色，可以多加些漂白液。

用清水浸泡

如果不想改变花瓣的颜色，又想让花瓣有棉纸打湿后出现的细褶子，你可以卷起一摞纸条浸入清水中，然后小心地取出来悬挂晾干就可以了。

用漂白液浸染

把棉纸条的长边浸入稀释过的漂白液中，这样花瓣的颜色从底部到顶部就会渐渐发生变化。一次至少浸入 4 张棉纸条，可以大大提高棉纸的强度。

1. 把 4 ～ 6 张 7.5 cm×50 cm 或 10 cm×50 cm 的纸条叠放在一起，将纸条纵向卷起来，卷成可以浸入盛有稀释过的漂白液的碗中的纸卷（A）。

2. 把纸卷的短边浸入稀释过的漂白液中至 2.5 cm 深处，大约浸 3 秒（B）。提起纸卷，把多余的漂白液沥干，然后小心地展开纸卷（不要把叠放的棉纸分开）。

3. 用晾衣架或者夹子把叠放的纸条悬挂晾干。只能夹住干燥的部分，悬挂时要格外小心，棉纸很容易破裂（C）。

4. 如果想缩短晾干时间，可以用吹风机的低速热风将棉纸吹干。把吹风机的出风口对准悬挂着的纸条，然后以纸条为中心，慢慢地转动吹风机。或者就让纸条自然风干。待纸条干透，将其取下，存放在密封容器中。

A B C

用漂白液扎染

用这种方法可以做出带竖条纹的花瓣，这种花瓣在一束纯色的花中非常抢眼。

1. 把 4 ～ 6 张 7.5 cm×50 cm 或 10 cm×50 cm 的纸条叠放在一起，用手风琴折法将纸条松松地纵向折成 5 cm 宽（A，B）的纸卷。小心，不要折出折痕。

2. 把纸卷的短边浸入稀释过的漂白液中至 2.5 cm 深处，大约浸 3 秒（C），提起纸卷，沥干，然后小心地展开纸卷（不要把叠放的棉纸分开）。

3. 用晾衣架或者夹子把叠放的纸条悬挂晾干。只能夹干燥部分，悬挂时要格外小心，棉纸很容易破裂。

A B C

用漂白液作画

第 57 页的贝母是一种精致的小花，花瓣看起来像带有方格形花纹。为了在棉纸上制造这种效果，我发明了用漂白液作画的方法。用漂白液作画时，记住一定要用双层棉纸，因为单层棉纸会破裂。你还需要把安全棉签安装在 23 cm 长的 18 号铁丝上作为画笔，因为漂白液会毁掉普通画笔。

1. 把铁丝插进安全棉签的空心棒中，然后用胶带固定，制成漂白液画笔。

2. 准备两张 7.5 cm×50 cm 的彩色棉纸条并将它们叠放在一起，用自制画笔蘸

取漂白液，在纸条上作画。制作贝母花瓣时，可以画网状图案或窄条纹（左图）。不要担心你画得不够完美，不小心滴在上面的漂白液、弯曲的线条、粗细不一的条纹反而会使花朵成品更加生动自然。

3. 用晾衣架或夹子把双层棉纸条夹起来悬挂晾干。悬挂时要格外小心，棉纸很容易破裂。就算效果没有立即显现也不必担心，用这种方法处理的棉纸需要更长时间显现效果。

给花瓣上色

许多花朵的花瓣中心都有明显的斑纹，用水粉颜料给花瓣上色可以制造这种效果。一次给 2 片花瓣上色，从花瓣中间向底部迅速画出一道细长条纹，然后晾干（A）。同样地，也可以用水粉颜料在纸条上画一些横条纹（B）。如果要在叶子或花瓣上画斑点图案，可以把水粉颜料和水混合在一起以稀释颜料，用画笔蘸取颜料，将颜料抖在废纸上，看浓度是否合适。若浓度合适，就用画笔蘸取颜料，在离纸张 15～20 cm 高的地方轻轻敲打画笔，使颜料洒在纸上以形成均匀的斑点（C）。最后，把纸张平放晾干。（注：你也可以用漂白液画出斑点效果，见上文。）

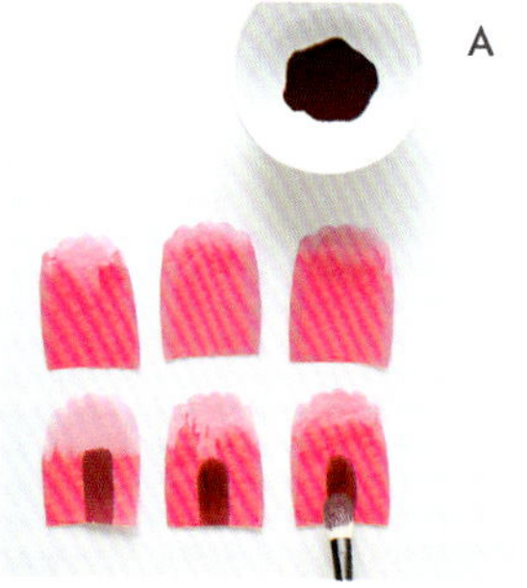

A

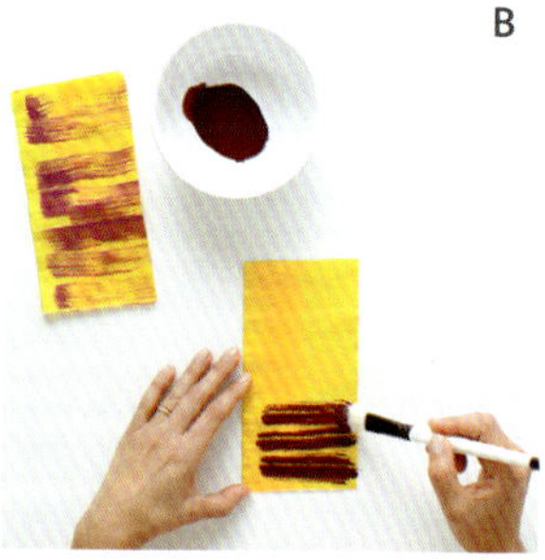

B

C

给叶子上色

可以在裁剪叶子之前上色，也可以在裁剪后上色。但是，一定要在折出叶脉之前给叶子上好色，这一点很重要。如第 11 页的步骤图所示，你可以先在康颂卡纸上画出鱼骨形花纹，然后剪下叶子（A）。在叶子下面垫上报纸，用猪鬃画笔轻轻地在叶子中心拍上深紫红色颜料，然后晾干（B）。上这一层颜料时只需留意内边缘——外边缘会被第二层颜料遮住。轻轻地在所有叶子的边缘涂上浅绿色或白色颜料（C）。上色时注意根据叶子的大小调整上色区域的宽度——小叶子就窄一些，大叶子就宽一些。为了使最终效果更加自然，上色时笔触一定要轻快。

经漂白或上色处理的花朵 这里展示的所有花朵都是用粉红色棉纸制作的，只是用了不同的方法漂白或上色。1 内边缘用漂白液浸染；2 用水粉颜料画斑点；3 用清水浸泡；4 用漂白液在纸条上画横条纹；5 外边缘用漂白液浸染；6 用漂白液画斑点；7 用漂白液扎染；8 将漂白液随意洒在纸上；9 外边缘用漂白液浸染成淡雅的颜色

花朵的制作基础

把棉纸裁切成纸条并漂白后，就要开始制作花的枝干、花心、花蕾、花瓣和叶子了。虽然每种花都不一样，但是核心的制作要领基本上是一样的。

加工铁丝

铁丝是纸艺花的支架，选择型号合适的铁丝是非常关键的。换用其他型号的铁丝会影响作品的效果和功能。如果你希望作品看起来很坚固但又栩栩如生，就尽量选细一些的铁丝。另一方面，有时你做了一根又长又复杂的枝干，可是作品完成后枝干却打弯下垂，那是因为枝干内部的铁丝支撑力不足，没有比这更糟糕的事了。不幸的是，如果真的发生这种情况，你是没办法补救的，只能从头来过。

铁丝越细，代表铁丝型号的数值就越大。制作叶子和花蕾的铁丝用 20 ～ 24 号的就可以，制作枝干、花心和加固用的铁丝一般用 16 ～ 18 号的。如果你对所用铁丝的强度有疑问，可以用我说的方法测试一下枝干的强度。在制作过程中，可以时常抓住枝干底部，看看顶部花朵的重量是否会压弯枝干。如果顶部过重，枝干会弯曲得很难看，也不稳固。握住枝干底部时，你应该能控制住整个枝干。如果枝干强度不够，可以添加加固铁丝（我在每件作品的制作步骤中都有介绍）。

捆扎

本书中任何一件作品的所有部件都是用花艺胶带捆扎成一体的。制作花朵和叶子时，用花艺胶带把它们捆扎在枝干上，包住组成枝干的铁丝，有时还需要把若干小枝干捆扎成更大的枝干。多加练习，练就娴熟的捆扎技术后，你的作品看起来会非常自然。为了做出最逼真的纸艺花，一定要尽量减少花艺胶带的用量，用最少的胶带把花蕾、花蕊、萼片和叶子固定好。把两根枝干绑到一起时，一定要使枝干保持笔直（不能弯曲），要在绑好之后再折弯。铁丝一旦被折弯，就很难恢复成原本笔直的状态，会变得凸凹不平。如果你真的把铁丝折弯了，就照着第 84 页的做法把它做成柠檬花枝吧，这样补救一下，凸凹不平的铁丝看起来也不错！

花艺胶带与其他黏合剂一样，其黏合效果是一次性的。我使用的是标准的绿色花艺胶带，因为它跟做叶子用的康颂卡纸的颜色十分相配。不过，当叶子是其他颜

一朵花的组成部分

1 花蕾

2 花瓣

3 花心

4 叶子

5 枝干

色时，我也会搭配其他颜色的胶带，或者用胶带增加色彩。

用手指轻轻地把胶带拉开 12 cm，露出胶面。不要一次拉开太多，不然胶带容易失去黏性，而且容易变形。把胶带粘到铁丝或纸上的时候，一定要拉紧胶带。在实际制作之前，最好练习一下——我建议先从 46 cm 长的 18 号铁丝开始练习，要使胶带达到平滑美观的效果。如果刚开始缠得不太均匀或者凹凸不平，也不要泄气，多加练习就能熟能生巧。

捆扎枝干

捆扎枝干的时候，应该从顶部开始绕着铁丝向下捆扎至底部，一只手握住枝干，另一只手捆扎。拉开胶带后，应立即用胶带的末端包裹住铁丝顶部；然后转动铁丝，将胶带缠绕在铁丝上并捏紧，直到胶带包裹住铁丝末端。在这个过程中，缠绕胶带的同时要转动铁丝，使胶带紧紧地包裹住铁丝。

继续朝对角线方向缠绕胶带，尽可能使胶带重叠得少一些，紧紧地捆扎在铁丝外面，使其看起来整洁精致（A）。继续缠绕，直到胶带完全包裹住铁丝。到达铁丝末端时，撕断胶带并留足够长的胶带，然后整齐地包裹住枝干末端并捏紧。

制作单枝花朵时，铁丝末端通常可以露在外面，最后再把铁丝剪齐（B）。为了完成枝干的制作，可以倒持花束，用胶带从末端开始紧紧捆扎住暴露在外的铁丝，然后捏紧胶带（C）。再倒着绕枝干缠几厘米，然后撕断胶带并捏紧，使成品看起来整洁精致，浑然天成。

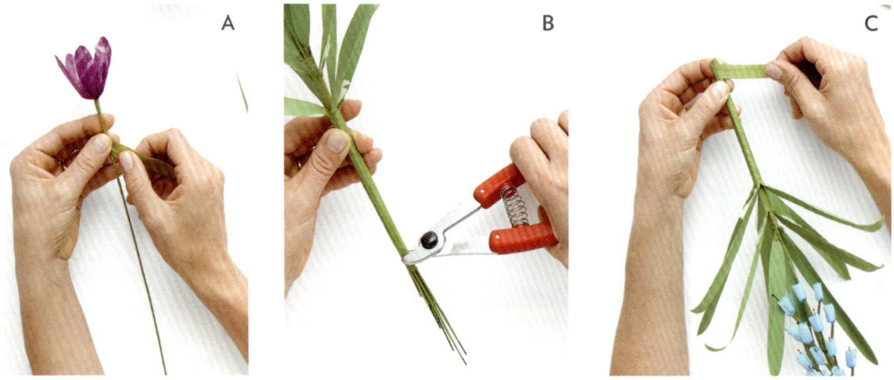

花心和花蕾

本书介绍许多花的制作步骤都是从制作花心开始的。我们使用的花心主要有 5 种：蓬蓬花心、罂粟花心、瓶刷形花心、单一花蕊和复合花蕊以及花蕾。捆扎花心时，你应该把它粘得稳定和牢固一些。捏住花心，如果你感觉胶带会活动或者每层胶带间有空隙，就得停下来重做。胶带没有完全发挥作用或者粘得不够紧时就会活动。记住，捆扎胶带时一定要拉紧，保持胶带的张力，并且要经常按捏胶带，确保粘得牢固。花心的铁丝最终会成为主干，因此一定要做得非常牢固。

花心和花蕾 1 单一花蕊，双花丝；2 单一花蕊，单花丝；3 中号蓬蓬花心；4 大号蓬蓬花心；5 小号蓬蓬花心；6 瓶刷形花心；7 罂粟花心；8 复合花蕊；9 小号花蕾球；10 中号花蕾球；11 大号花蕾球；12 花枝上的花的花心

蓬蓬花心

材料（适用于所有尺寸）：

- 中号剪刀
- 多层剪刀（可选）
- 绿色花艺胶带
- 23 cm 长的 18 号铁丝，用花艺胶带缠好
- 4 cm × 23 cm 的棉纸条（小号蓬蓬花心）；7.5 cm × 50 cm 的棉纸条（中号蓬蓬花心）；3 条 7.5 cm × 50 cm 的棉纸条（大号蓬蓬花心）

小号蓬蓬花心

将棉纸条横向对折（A），然后在未折叠的一边剪出 1.2 cm 长的流苏花边。在光滑的桌面上把没有流苏花边的一边捏起来（B），并包在铁丝上捏紧，用绿色花艺胶带固定好（C）。一朵花的主干就做好了。可根据需要抖松花心或用剪刀修剪花心。

中号蓬蓬花心

将棉纸条横向对折（A），再纵向对折。在未折叠的一边剪出 1.2 cm 长的流苏花边。纵向展开棉纸条，这样棉纸条的长度为 50 cm，仍保持横向对折的状态。在光滑的桌面上把没有流苏花边的一边捏起来（B），并包在铁丝上捏紧，用绿色花艺胶带固定好（C）。一朵花的主干就做好了。可根据需要抖松花心或用剪刀修剪花心。

大号蓬蓬花心

将棉纸条纵向对折两次，折好后的尺寸为 7.5 cm × 13 cm，在未折叠的一边剪出 2.5 cm 长的流苏花边。把棉纸条完全展开，其尺寸为 7.5 cm × 50 cm。在光滑的桌

A

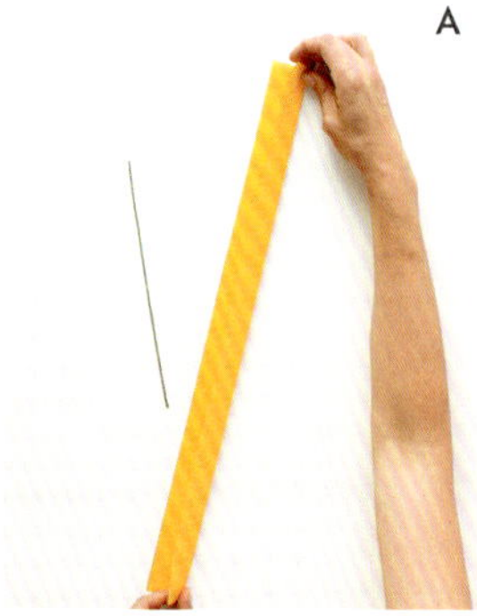

B

C

面上把没有流苏花边的一边捏起来，并包在铁丝上捏紧，用绿色花艺胶带固定好。按照以上步骤处理另外两张棉纸条，并包在铁丝上的花心外面。一朵花的主干就做好了。可根据需要抖松花心或用剪刀修剪花心。

罂粟花心

材料：

- 安全棉签
- 中号剪刀
- 23 cm 长的 18 号铁丝，用花艺胶带缠好
- 2 张 5 cm × 5 cm 的棉纸
- 绿色花艺胶带
- 2.5 cm × 28 cm 的优质皱纹纸条
- 多层剪刀（可选）

将棉签棒剪至 0.8 cm 长，把缠好的铁丝插进空心棉签棒中，并用绿色花艺胶带固定好，胶带向下缠绕至 7.5 ~ 10 cm 处。把两张正方形棉纸叠放在一起，把棉签头放在棉纸中心（A），用棉纸把棉签头完全包住，把棉签头底部用胶带粘牢（B）。在 2.5 cm×28 cm 的皱纹纸条的长边剪出 1.6 cm 长的流苏花边（顺着纹理剪）。把皱纹纸没有流苏花边的一边捏起来，使皱纹纸呈扇形，然后将其均匀地包在棉签头四周，确保流苏花边比棉签头大约高出 0.6 cm，然后用花艺胶带固定好（C）。

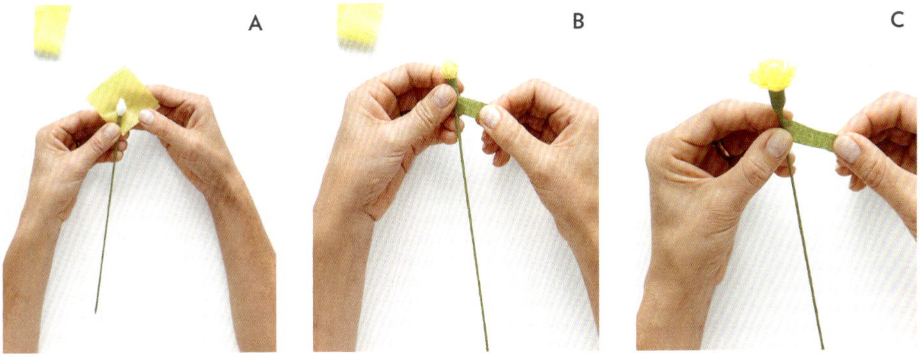

瓶刷形花心

材料：

- 2 根双头花蕊，对半剪成 4 根（其中一根留着不用）

- 中号剪刀
- 23 cm 长的 18 号铁丝，用花艺胶带缠好
- 绿色花艺胶带和黄色花艺胶带
- 5 cm × 15 cm 的棉纸条

用绿色花艺胶带将 3 根花蕊固定到铁丝顶端，使花蕊顶端超出铁丝 1.2 cm。继续向下缠胶带，直到完全覆盖住花蕊底端，要缠绕 2.5 ～ 5 cm。将棉纸条横向对折，然后在折叠边剪出 0.8 cm 长的流苏花边（A），把没有流苏花边的一边绕着花蕊缠一圈，使花蕊高出棉纸 1.2 cm（B）。然后把棉纸绕主干向下缠绕，形成 5 cm 长的螺旋状花穗。将棉纸底部按压在花艺胶带上，用黄色花艺胶带将其固定在主干铁丝上（C）。黄色花艺胶带要在棉纸下方缠 7.5 cm。

A

B

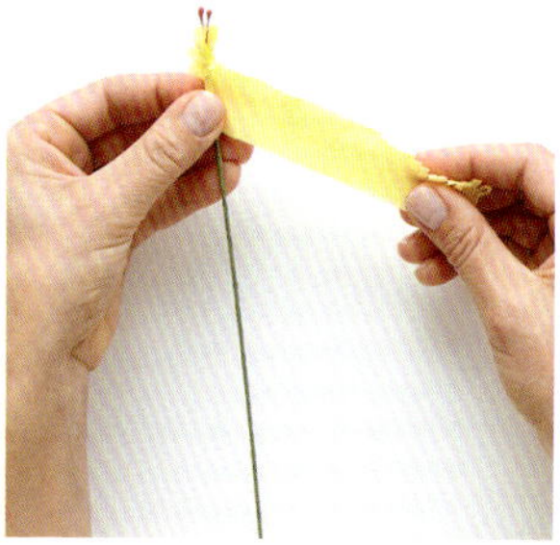

C

单一花蕊和复合花蕊

材料：

- 3 根黄色双头花蕊
- 中号剪刀
- 多层剪刀（可选；仅用于制作复合花蕊）
- 23 cm 长的 18 号铁丝，用花艺胶带缠好
- 绿色花艺胶带
- 2.5 cm × 12 cm 的双层皱纹纸条（仅用于制作复合花蕊）
- 5 cm × 28 cm 的棉纸条（仅用于制作复合花蕊）

制作单一花蕊时，只需把花蕊对折，用花艺胶带把对折一端粘到提前缠好的铁丝上，绕铁丝缠 4 cm 即可（A）。制作复合花蕊时，需要用中号剪刀或者多层剪刀在橘色皱纹纸上剪出 1.2 cm 的流苏花边，如果你愿意，也可以把皱纹纸对折，一次剪出多层流苏花边。然后把皱纹纸均匀地包在花蕊周围，使花蕊高出皱纹纸 1.2

cm。用花艺胶带紧紧地把皱纹纸固定好。准备一张桃红色棉纸条，对折后在折叠边剪出 1.2 cm 长的流苏花边，然后将其均匀地包在橘色皱纹纸外面，使橘色皱纹纸的流苏花边露出 0.6 cm（B）。用绿色花艺胶带把棉纸条固定好，并继续向下缠绕至铁丝末端，一朵花的主干就做成了（C）。

A

B

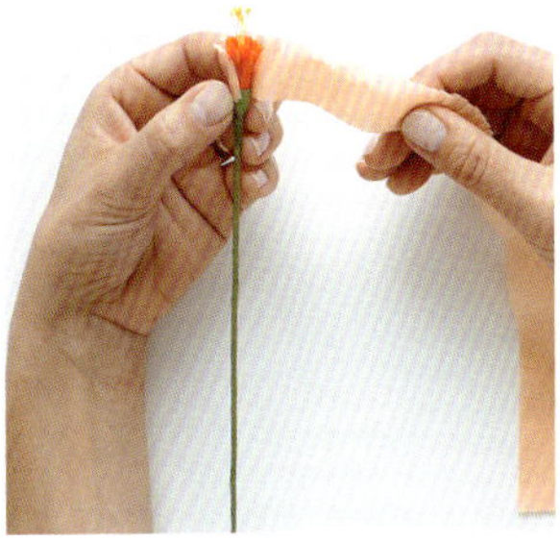

C

基础花蕾球

严格来讲，这种基础花蕾球并不是花心，而是尚未开放的花。我在这里介绍了如何制作小号、中号和大号花蕾球，但是你也可以调整纸片的大小，做出各种尺寸的花蕾球。樱花枝（第 38 页）上的花蕾是不带铁丝的小号花蕾球。

材料：

- 绿色花艺胶带
- 23 cm 长的 18 号铁丝，用花艺胶带缠好
- 中号剪刀
- 所需颜色的棉纸，剪成适当尺寸

小号花蕾球：2.5 cm×2.5 cm 的正方形纸片，做内芯；4 cm×4 cm 的正方形纸片，做外层。

中号花蕾球：7.5 cm×10 cm 的纸片，做内芯；2 张 5 cm×5 cm 的正方形纸片，做外层。

大号花蕾球：7.5 cm×50 cm 的纸条，做内芯；2 张 7.5 cm×7.5 cm 的正方形纸片，做外层。

用花艺胶带缠好铁丝，确保表面光滑平整。把作为花蕾球内芯的棉纸揉成球状（A），然后放在铁丝顶端。制作小号花蕾球时，只要用 1 张外层纸片包裹住棉纸球，确保花蕾球表面光滑平整没有折痕即可；制作中号和大号花蕾球时，需要用 2 张外层纸片包裹住棉纸球（B），表面要光滑平整，没有折痕。把外层纸片的边缘捏

紧，然后用花艺胶带把花蕾球固定在铁丝上（C）。一只手拿好花蕾球，另一只手用花艺胶带缠住花蕾球底部，然后缠绕、捏紧并转动枝干，把花蕾球固定好。再强调一次，一定要保证花蕾球的表面光滑平整，没有折痕。

A B C

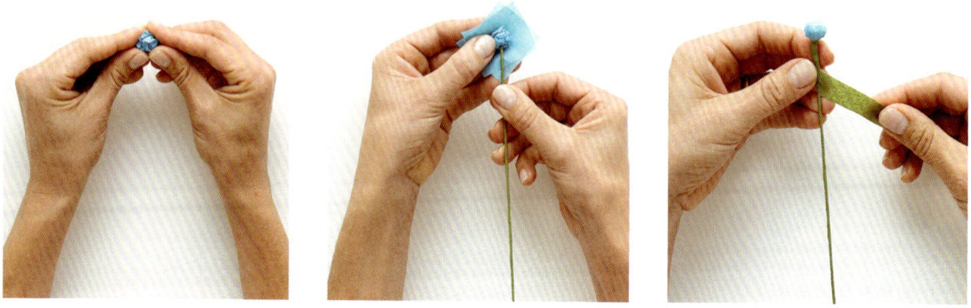

花瓣

每一种花的花瓣的形状都不一样，但是把花瓣组装成花朵的方法十分相似（花瓣模板在第 168～179 页）。大体来说，要想做出美观可爱的花瓣，用锋利的剪刀沿着纸的纹理流畅地裁剪是非常关键的。因为我平时都是一次做很多花，所以我会把棉纸提前裁切好（第 7 页）。这样，我就不会在准备裁剪花瓣的时候，还被纸张纹理的方向问题困扰。

裁剪花瓣时，根据每种花的制作步骤中介绍的数量，准备好需要的纸条，然后把花瓣模板放在一摞纸条上，使花瓣模板的顶端朝向纸条的长边。在纸条上沿着花瓣模板按需要的数量描出花瓣轮廓，然后剪下来。

给花瓣塑形

把花瓣粘到主干上之前，有时候需要先给花瓣塑形，目的是调整花瓣的尺寸和纹理——通常不需要制造出线条生硬的棱角和折痕。下面是我常用的方法。

捏出褶子

这种三角褶子能使花瓣自然地凹陷，其原理和做衣服时在面料上打褶一样。在纸上打褶对制作双层花瓣十分有帮助。褶子的长度几乎与花瓣的长边一样，从底部延伸到靠近顶部的位置（A），褶子底部应重叠 0.6 cm，使花瓣呈倒三角形（B）。最后，轻轻地把花瓣底部捏起来，调整出凹面（C）。

用剪刀边缘塑形

剪刀是制作卷曲花瓣的快捷简便的工具（A）。把纸轻轻地放在大拇指和剪刀刀片的边缘之间，手指用力大，做出的花瓣的卷曲度就大，手指用力小，做出的花瓣的卷曲度就小。注意，这种方法也可用来制作叶子和萼片（B，C）。

粘贴花瓣

把花瓣粘贴到枝干上的时候，在不影响牢固程度的前提下，用的花艺胶带越少越好，这一点非常重要。切记每片花瓣都要粘在枝干上高度相同的位置，粘好以后，所有花瓣才能保持一致的高度。你一定不想使枝干变短并把花瓣粘得越来越低吧，这样做出来的花朵是细长形的，看起来很奇怪。如果要额外添加花瓣，记住一定要粘在已有胶带上面。

如果要添加一小组花瓣，只需围绕底部缠 2 圈胶带，每一圈都要朝花朵底部缠绕。如果你不是把添加的花瓣粘在下一层，而是把它们粘在原来那一层，那么花朵会不牢固；在继续粘贴后面的花瓣时，花瓣会滑落或者转动。如果发生这种情况，后期是无法修补的，最好还是从头来过。多加练习之后，你就能得心应手。如果要制作的纸艺花有好几朵，你可以把做好的花朵立在小杯子中，这样它就不会在后续的制作过程中散掉了。

叶子和萼片

看着大自然中的叶子，我试图用纸来表现它们的美。例如，我会轻轻地折一下纸片——但是不会折出折痕——以折出叶脉，基本上不会把叶脉折成直线，而是从中心到边缘折出弯曲的线条，这样叶子看起来更加逼真。我会在枝干上放不下花朵的位置放一片叶子，这样可以平衡整个作品的形态，而且使花朵显得更加柔和。萼片是一种覆盖花蕾的叶子，在花蕾生长的过程中起保护作用。当花开放以后，萼片附着在花的底部。制作纸艺花时，萼片是基础花蕾球上最明显的叶子，花蕾球的制作细节见第 19 页。

在本书中，每一件带有叶子的作品，从叶子的形态、大小到数量都有具体说明（参见第 168 ～ 179 页的模板）。在剪下叶子之前，可以把康颂卡纸剪成易于操作的纸片，然后把叶子逐个剪出来。康颂卡纸像纺织品一样也分正面（有精细而稠密的纹理）和反面（光滑而平整）。折叠和裁剪的时候，一定要分清正反面。当你经过一段时间练习，对叶子的制作得心应手之后，你可以像我一样试着信手裁剪叶子。我也建议你用复印机放大或缩小模板，做出像大自然中的叶子那样大小各异的叶子。

制作叶子枝干

以下制作步骤适用于本书提到的所有叶子枝干。操作几次之后，你就会得心应手。但是，在粘贴叶子之前，铁丝上不要缠过多胶带，也不要弯折铁丝。

材料：

- 叶子模板（第 168 ～ 179 页）
- 48 cm × 63.5 cm 的绿色康颂卡纸
- 中号剪刀
- 绿色花艺胶带
- 10 cm 长的 20 号铁丝（注意：有些叶子用的是 18 号铁丝），用花艺胶带缠好
- 1.2 cm × 5 cm 的浅绿色棉纸
- 热熔胶枪

- 热熔胶棒

1. 描出或复印选好的叶子模板，然后剪下来。沿着模板在康颂卡纸上描出轮廓，然后剪下叶子（A）。接着，根据模板上的虚线在叶子上折出叶脉（B，C，D）。

2. 在叶子背面中心线的中间到底部的位置用热熔胶枪涂胶（E），然后把铁丝粘在叶子背面（F）。

3. 趁胶还没凝固，在铁丝上贴一层浅绿色棉纸（G），棉纸一半盖住叶子上的铁丝，一半盖住枝干。等 3～5 分钟，胶凝固后轻轻压紧棉纸（H）。用花艺胶带把叶子底部缠好，盖住露在外面的铁丝（I）。

A

B

C

D

E

F

G

H

I

第二部分　花卉

秋海棠

有很长一段时间，我对秋海棠几近痴迷。刚刚搬到纽约后，我在公寓里大约养了 15 种秋海棠。当我用纸制作出秋海棠时，这种端庄娴静的花简直成了明星。因为秋海棠的花朵很小，易于制作，所以非常适合用来装饰礼物，做成花束和花冠以及装饰派对。

成品尺寸

大约 10 cm

通用材料和工具

- 中号剪刀
- 绿色花艺胶带
- 多层剪刀（可选）
- 钳子

花瓣材料

- 3 张 5 cm × 50 cm 的红色、珊瑚色或粉红色棉纸条，用漂白液浸染（第 8 页）

小号蓬蓬花心材料

- 50 cm × 76 cm 的浅黄色棉纸
- 23 cm 长的 20 号铁丝，用花艺胶带缠好

制作步骤

1. 准备材料：复印或描出第 168 页的秋海棠 / 榅桲花瓣模板，并剪下来。把棉纸条剪成 36 张 2.5 cm×5 cm 的纸片，然后分成 6 摞，每摞 6 片。把花瓣模板放在一摞纸片上，花瓣模板的顶端朝向漂白过的那一边。沿模板在棉纸上描出轮廓，然后剪下 6 片花瓣。重复以上步骤，共剪下 36 片花瓣。

参照第 16 页的步骤，制作一个小号蓬蓬花心。

2. 制作一组花瓣：把 4 片花瓣摞成一摞，然后把它们错开，使其呈扇形，每片之间错开 0.3 cm，这是一组花瓣（A）。把一组花瓣调整出凹面，捏出褶子（第 20 页）。褶子应该从底部延伸至距离花瓣顶端 1.2 cm 处。褶子的底部大约宽 0.6 cm（B，C）。把一组花瓣的底部轻轻捏起来，把花瓣调整出凹面（D）。重复以上步骤，共做 9 组花瓣。

3. 组装花朵：制作这种花朵时，我喜欢随意组装花瓣。将一组花瓣的底部放置在蓬蓬花心的底部，然后用花艺胶带将其固定在枝干上，使其包在花心周围，注意用的胶带越少越好（E）。然后用胶带向下绕铁丝缠 2 圈，大约至花瓣底部下方 1.2 cm 处。把第二组花瓣紧挨第一组花瓣放好，重复以上步骤，逐步组装完整朵花（F）。制作秋海棠时，我喜欢让花瓣尽量保持直立，包围着花心，所以不会让花瓣张开太多。把花朵底部的铁丝折 30° ，使花头朝下，继续缠绕胶带至枝干末端。

变化：我经常用 3 朵秋海棠做成一束小花束，就像第 27 页中那样。要想做出这种效果，应先做 3 朵花，然后把它们扎在一起，使中间那朵花保持直立，让另外 2 朵花包围它。先用花艺胶带把 3 朵花的枝干捆扎在一起，缠绕一两圈至花朵下方 1.2 cm 处，然后把整个枝干缠好，将枝干修剪到所需的长度。使花头朝下，将修剪后的枝干末端用胶带缠好。

A
B
C
D
E
F

花蜘蛛兰

和许多花艺艺术家一样，我也研究过兰花。我对外形像蜘蛛的绿色和紫色花蜘蛛兰情有独钟。我养过许多花蜘蛛兰，但是花谢了之后，无论如何我都无法再让它们开花。一次偶然的机会，我产生了用纸来制作这种花的想法。花蜘蛛兰与本书中其他的任何一种花都不同——花蜘蛛兰的每朵花上都有 1 片带有手绘图案的喉状花瓣和 5 片绘有另一种图案的细长形花瓣。所有花瓣都是用 2 张棉纸做成的，这样做出来的花瓣裁剪整齐，干净利落，关键是看起来更加逼真。

成品尺寸

大约 43 cm

通用材料和工具

- 中号剪刀
- 绿色花艺胶带
- 钳子
- 紫红色水粉颜料
- 画笔

花瓣材料

- 8 张 7.5 cm × 50 cm 的黄绿色或紫色棉纸条，用漂白液浸染（第 8 页）

兰花花心材料（小号花蕾球）

- 50 cm × 76 cm 的黄绿色棉纸（或用制作花瓣剩下的纸）
- 5 根 46 cm 长的 18 号铁丝，用花艺胶带缠好

叶子材料

- 48 cm × 63.5 cm 的绿色康颂卡纸
- 2 张 1.2 cm × 5 cm 的浅绿色棉纸
- 2 根 23 cm 长的 20 号铁丝，用花艺胶带缠好
- 热熔胶枪
- 热熔胶棒

制作步骤

1. 准备材料：复印或描出第 168 页的花蜘蛛兰喉状花瓣模板和花蜘蛛兰外层花瓣模板，然后剪下来。

制作喉状花瓣时，把 2 张 7.5 cm×50 cm 的黄绿色棉纸条叠放在一起，然后把喉状花瓣模板放在棉纸条上，花瓣顶端朝向漂白的一边，描出轮廓，描出的花瓣需间隔相同的距离。用水粉颜料在每片花瓣上的未漂白区域画斑点图案（A；左侧的棉纸条）。不要把棉纸条分开，放在旁边晾干。

制作细长形花瓣时，把剩下的 6 张棉纸条分成 3 摞，每摞 2 张。只在漂白区域用水粉颜料画出斑纹，使颜料从上面的棉纸渗到下面的棉纸上。要用笔尖快速画斑纹（A；右侧的棉纸条）。不要把棉纸条分开，放在旁边晾干。

晾干后，剪出 5 组喉状花瓣。把细长形花瓣模板的末端放在摞在一起的两张棉纸上画有图案的区域，描出 25 组细长形花瓣，然后剪下来（B）。

按照第 19 页的说明，制作 5 个小号花蕾球。

复印或描出第 168 页的花蜘蛛兰叶子模板，然后剪下来。在绿色康颂卡纸上描出 2 片叶子的轮廓，然后剪下来。按照第 22 页的说明制作叶子枝干。

2. 给花瓣塑形：把喉状花瓣和细长形花瓣调整出凹面，分别捏出褶子（第 20 页）。褶子应该从底部延伸至距离花瓣顶端 1.2 cm 处。褶子底部宽约 0.6 cm。轻轻地把每片花瓣的底部捏起来，并进一步调整形状（B）。

3. 组装花朵：把一组喉状花瓣的底部放在花蕾球底部，然后用花艺胶带粘好（C）。细长形花瓣应该包住喉状花瓣，把第一组细长形花瓣放在喉状花瓣右边缘的外面，用花艺胶带粘好（D）。其余 4 组花瓣按顺时针方向粘好，每一组都压住前一组的边缘，重叠 0.6 cm，组成一朵几乎闭合的花朵，然后轻轻地把花瓣向外拉，使花朵打开（E）。这会改变花朵的形状，并且最后一组花瓣会突起。把这组花瓣放在最上面（12 点钟位置）。重复以上步骤，一共做 5 朵花。

4. 组装枝干：在花朵下方 2.5 cm 处把枝干折 60°。把这朵花放在第二朵花下方 5 cm 处，把枝干直的部分跟第二朵花的枝干并在一起。这两朵花的喉状花瓣都处于 6 点钟位置。用花艺胶带把花朵枝干捆扎在一起，在枝干弯折处下方缠 5 cm 花艺胶带（F）。把第三朵花下方 2.5 cm 处的枝干折 60°，然后放在第一朵花下方 5 cm 处。重复以上步骤，再添加 2 朵花（G）。把枝干弯成柔和的弧形（H）。把叶子的枝干和主干并在一起，叶子相对放置，距最下面的花朵 12 cm，在最下面的花朵的旁边微微展开。用花艺胶带粘好叶子（I）。把每片叶子向外折 60°。用钳子在叶子下方 12 cm 处将主干剪断。使花头朝下，用花艺胶带把修剪后的主干末端缠好。

A
B
C
D
E
F
G
H
I

山茶花

每到冬天，花园中百花凋零，我就期待着美丽、醒目、近乎梦幻的红色和橙红色山茶花竞相开放。尽管明知道它们会如约而至，但当真的看到盛开的山茶花时，我还是会惊喜不已，那奇迹般的花朵使我深受鼓舞。山茶花的花瓣很宽大，依偎在明亮的深绿色叶子旁边。本篇只介绍单枝花朵的制作过程，不过，尝试在主干上多添加些叶子、花蕾和花瓣较少的花朵也很有意思。

成品尺寸

大约 10 cm

通用材料和工具

- 中号剪刀
- 绿色花艺胶带
- 多层剪刀（可选）
- 钳子

花瓣材料

- 3 张 7.5 cm × 50 cm 的红色棉纸条，用漂白液浸染（第 8 页）

花蕊材料

- 1.5 cm × 15 cm 的桃红色 / 黄色双层皱纹纸纸条
- 2 张 4 cm × 4 cm 的正方形黄色棉纸
- 23 cm 长的 20 号铁丝，用花艺胶带缠好

叶子材料

- 48 cm × 63.5 cm 的绿色康颂卡纸
- 2 张 1.2 cm × 5 cm 的浅绿色棉纸
- 2 根 23 cm 长的 20 号铁丝，用花艺胶带缠好
- 热熔胶枪
- 热熔胶棒

制作步骤

1. 准备材料：复印或描出第 168 页的山茶花 / 春日银莲花花瓣模板，然后剪下来。把红色棉纸条剪成 30 张 5 cm×7.5 cm 的纸片。把纸片分成 5 摞，每摞 6 张。把花瓣模板放在一摞纸片上，模板的顶端朝向漂白的一边。沿模板描出花瓣轮廓，剪下 6 片花瓣。重复以上步骤，共剪下 30 片花瓣。

复印或描出第 168 页的山茶花花心模板，然后剪下来。把 2 张 4 cm×4 cm 的正方形黄色棉纸叠放在一起，沿花心模板描出轮廓，然后剪下来。

复印或描出第 168 页的山茶花叶子模板，然后剪下来。把叶子模板放在康颂卡纸上描出轮廓，剪下叶子，然后按照第 22 页的说明制作叶子枝干。

2. 制作花心：把桃红色 / 黄色双层皱纹纸纸条横向对折，然后在长边剪出 1.2 cm 长的流苏花边。把皱纹纸没有花边的一侧捏起来，然后包在事先用胶带缠好的 23 cm 长的铁丝上（第 16 页），用胶带将皱纹纸捆扎在铁丝上，并向下缠绕大约 2.5 cm。将一片之前剪好的黄色棉纸半包在花心外面，使棉纸比花心高出 1.2 cm。用花艺胶带将棉纸和花心底部重合的地方粘牢（A），并继续向下缠绕棉纸的下半部分。然后用另一片黄色棉纸包住花心的另一半边，并将底部用花艺胶带粘好。

3. 制作双层花瓣：把 2 片花瓣叠放在一起，然后错开 1.2 cm，使其呈扇形，这就是一组双层花瓣。把双层花瓣调整出凹面，捏出褶子（第 20 页）。褶子应该从底部延伸至距离花瓣顶端 1.2 cm 处（B）。褶子底部宽约 0.6 cm。重复以上步骤，总共做 15 组双层花瓣。分别轻轻地把每组双层花瓣的底部捏起来，都调整出凹面（C）。

4. 组装花朵：将双层花瓣捏起来的末端放在山茶花花心的底部，用花艺胶带把捏起来的一端固定在花心枝干上，然后向下缠绕胶带，大约缠到花瓣下方 1.2 cm 处，用的胶带越少越好（D）。以花心为中心，在第一组双层花瓣旁边放第二组双层花瓣，使花瓣边缘重叠在一起，底部用花艺胶带粘好（E）。重复以上步骤，将余下的双层花瓣粘在上面，每组花瓣的边缘要重叠在一起，包住花心。使花瓣几乎保持直立，使花朵呈闭合状态，这样显得端庄大气；不要将花瓣弄皱或抖松。在花朵底部下方 4 cm 处把枝干向前折 30°（F）。

5. 粘贴叶子：叶子应该比山茶花外层花瓣高 1.2 cm（G）。把叶子枝干和花朵枝干并在一起，将两片叶子并排放置在花朵后面（H）。把铁丝摆好，用花艺胶带在花朵底部捆扎。用花艺胶带在叶子底部下方大约缠 2.5 cm，然后调整叶子的位置，使其紧贴着花瓣，但又不能压到花瓣。用钳子在最下面的叶子下方 10 cm 处将主干剪断（I），使花头朝下，用花艺胶带把修剪后的枝干末端缠好。

A
B
C
D
E
F
G
H
I

樱花枝

我接待过许多在十月举行婚礼的准新娘，她们希望用明媚的春季花枝来点缀婚礼现场。当然，我的解决方案是使用纸艺花。如果能把纸艺花与真正的树枝结合起来，就更能达到以假乱真的自然效果，只用铁丝是很难产生那种自然又真实的效果的。这一章介绍的制作方法适用于小树枝，我建议在每根树枝上做 5 朵花和 2 个花蕾，具体的花朵数量也可以根据你选用的树枝大小灵活调整。

成品尺寸

大约 30.5 cm

通用材料和工具

- 中号剪刀
- 小号锯齿花边剪刀
- 多层剪刀（可选）
- 棕色花艺胶带
- 30.5 cm 长的任意形状的秃树枝
- 热熔胶枪
- 热熔胶棒

花瓣材料

- 3 张 7.5 cm × 50 cm 的棉纸条，颜色为深粉红色、橙红色或桃红色，用漂白液浸染（第 8 页）

花蕾球材料

- 50 cm × 76 cm 的棉纸，颜色为深粉红色、橙红色或桃红色

花心材料

- 5 根黄色双头花蕊
- 5 cm × 50 cm 的嫩绿色棉纸条

制作步骤

1. 准备材料（A）：复印或描出第169页的樱花/晚香玉花瓣模板，然后剪下来。把做花瓣的棉纸条剪成25张5cm×7.5cm的纸片，把它们分成5摞，每摞5张。把花瓣模板放在一摞棉纸上，花瓣模板的顶部朝向漂白的一边。沿着花瓣模板在棉纸上描出轮廓，然后剪下花瓣。用小号锯齿花边剪刀修剪花瓣的上边缘。重复以上步骤，共做25片花瓣。

制作花蕾球，剪出2组2.5cm×2.5cm的正方形棉纸和2张5cm×5cm的正方形棉纸。按照第19页的制作方法，把绿色胶带换成棕色胶带，不使用铁丝，制作2个小花蕾。

制作花心，将5cm×50cm的棉纸条纵向对折，然后在折叠边剪出1.2cm长的流苏花边。将对折后的纸条剪成5张5cm长的纸片。把黄色双头花蕊对折，用1.2cm宽的棕色花艺胶带将其粘好。把剪出流苏花边的5cm长的纸片包在花蕊外面，并调整高度，使花蕊比纸片高出1.2cm。用花艺胶带粘牢。重复以上步骤，共做5个花心。

2. 给花瓣塑形：把花瓣调整出凹面，捏出褶子（第20页）。褶子应该从底部延伸至距离花瓣顶端1.2cm处（B）。褶子的底部宽约0.6cm（C）。重复以上步骤，处理剩余花瓣。轻轻地分别把每片花瓣的底部捏起来，调整成凹面（D）。

3. 组装花朵：每朵樱花都由5片花瓣组成。用花艺胶带把一片花瓣的末端粘到花心上（E），并把胶带缠绕至花心下方约2.5cm处。把第二片花瓣放在第一片旁边，边缘重叠0.6cm，呈放射状包在花心周围，然后将底部用花艺胶带粘好（注意，这一层胶带和所有粘花瓣的胶带都要一层压着一层）。重复以上步骤，处理余下的3片花瓣，俯视花朵时，花瓣要呈螺旋状排列。抖一抖，使花瓣张开，根据需要调整花朵形状。重复以上步骤，处理余下的花瓣和花心，共做5朵花，抖松花朵时力度可以有所变化，使花朵的开放程度有所不同，制造出更加自然逼真的效果。

4. 组装花枝：用剪刀把每朵花和花蕾的底部修剪到0.6cm长（F）。

把树枝上原有的叶子、花蕾和花朵都摘掉，任选一截树枝，修剪到合适的长度。设计好花朵和花蕾的位置——比如主干的弯曲处，或者分枝下方高低不平的枝桠上。我喜欢把花朵和花蕾做成一簇。在花朵底部抹一点儿热熔胶（G），然后快速地把花朵粘在树枝上，用手扶着花朵直到胶体凝固（H）。重复以上步骤，处理剩余花朵。并用同样的方式把花蕾也粘到树枝上（I）。

变化：如果你想用榅桲花代替樱花，就用秋海棠/榅桲花瓣模板（第168页）

代替樱花/晚香玉花瓣模板。要想做出更饱满的双头樱花，可以只用花蕊做花心，每朵花用 10 片花瓣做成。

珊瑚钟

我在花园里种了很多珊瑚钟——但这种有着纤细的红色枝干和精美的铃铛形花朵的植物却很难存活下来。我的珊瑚钟纸花非常美，因此，当把它们添加到某个作品中时，它们仪态万千，具有很强的视觉冲击力。为了便于制作，我把铃铛形花朵做得很大，大到可以把手指放到里面为花朵塑形。

成品尺寸

大约 33 cm

通用材料和工具

- 中号剪刀
- 绿色花艺胶带
- 红色花艺胶带
- 钳子

花瓣材料

- 7.5 cm × 50 cm 的西瓜红色棉纸条，用漂白液浸染（第 8 页）

单一花蕊材料

- 3 根粉红色双头花蕊，对半剪开
- 5 根 46 cm 长的 22 号铁丝，用红色花艺胶带缠好

叶子材料

- 48 cm × 63.5 cm 的绿色康颂卡纸
- 3 根 23 cm 长的 20 号铁丝，用花艺胶带缠好
- 3 张 1.2 cm × 5 cm 的浅绿色棉纸
- 热熔胶枪
- 热熔胶棒

制作步骤

1. 准备材料：复印或描出第 169 页的珊瑚钟花瓣模板，然后剪下来。把西瓜红色棉纸条剪成 5 张 5 cm×7.5 cm 的纸片，并叠放在一起。把花瓣模板放在纸片上，模板顶部朝向漂白的一边。沿模板描出花瓣轮廓，剪下 5 片花瓣（A）。

按照第 18 页的说明制作 5 个单一花蕊。

复印或描出第 169 页的珊瑚钟叶子模板，然后剪下来。在绿色康颂卡纸上描出 3 片叶子的轮廓，把叶子剪下来并按虚线折出折痕。然后按照第 22 页的说明把叶子固定到枝干上。

2. 制作花朵：在光滑平整的桌面上轻轻地用指尖把连续型花瓣的底部捏起来，把花瓣整成扇形（B）。然后把花瓣包在单一花蕊周围，把花瓣底部固定在花蕊下方大约 2.5 cm 处，使花蕊处在适当的高度，从侧面看时正好能看见花蕊而看不见铁丝（C）。调整花瓣接合处，使花瓣均匀分布，底部稍微重叠。用红色花艺胶带把连续型花瓣固定到枝干上（D）。把指尖伸进花朵内部，调整花朵形状。用食指和大拇指轻轻地把连续型花瓣的底部撑起，使其变平整（E）。重复以上步骤，处理剩余花瓣和花蕊，总共做 5 朵花。在每朵花下方 2.5 cm 处把枝干折 45°。

3. 组装花朵：把 2 朵花的枝干并在一起，使一朵花的枝干弯折处位于另一朵花的枝干弯折处下方 2.5 cm 处（F）。用红色花艺胶带把它们固定好，然后向下大约缠绕 4 cm。在第二朵花的枝干弯折处下方 2.5 cm 处添加第三朵花，然后用胶带从其底部向下缠绕约 4 cm。重复以上步骤，把第四朵花和第五朵花粘上去。最后沿枝干向下缠绕胶带 15 cm。

把花与花之间的枝干轻轻弯成优美的弧形，调整好主干的线条，再调整一下每朵花的位置，使它们看起来像自然地悬挂在枝干上，因为重力而垂向地面（G）。花点儿时间检查一下花朵，看看它们是否看起来浑然天成。如果看起来有些呆板或者不协调，可以轻轻弯折枝干进行调整。

4. 粘贴叶子：在叶子底部把枝干折 45°，然后把叶子下方 5 cm 处的枝干折 30°。重复以上步骤，处理余下的 2 片叶子。把叶子枝干直的部分与花朵枝干并在一起，使叶子枝干的弯折处位于底部花朵下方 12 cm 处。用绿色花艺胶带把叶子枝干和花朵枝干固定在一起（H）。把其他叶子枝干粘到花朵枝干上，使叶子均匀分布于花朵枝干周围，叶子相对，把整个花朵枝干都用胶带缠好（I）。用钳子在叶子下方 15 cm 处把枝干剪断。使花头朝下，用花艺胶带把枝干末端缠好。

A
B
C
D
E
F
G
H
I

大丽花

我最喜欢那种花瓣充满野性的大丽花，并花了一些时间尝试用纸来表现这种野性之美。我试着把3种不同形状的花瓣卷起来，然后分别粘贴，但是很快就发现这种方法事倍功半。后来，我去参观了朋友弗朗西斯·帕尔默的大丽花花园。那里太棒了，在我认真研究了她给我的精美样本之后，我意识到可以用连续型花瓣制造出栩栩如生的效果。大丽花是一种不对称的野花，所以，如果在组装花朵的时候通过有趣的方法把纸搓捻变形，或者把花的一边做得比另一边厚一点儿，效果会更好哦！

成品尺寸

大约 40.5 cm

通用材料和工具

- 中号剪刀
- 绿色花艺胶带
- 小号圆弧花边剪刀（可选）
- 多层剪刀（可选）
- 钳子

花瓣材料

- 3 张 10 cm × 50 cm 的深紫色、绯红色或浅紫色棉纸条，用水浸湿后晾干（第 8 页）

中号蓬蓬花心材料

- 50 cm × 76 cm 的金黄色棉纸
- 46 cm 长的 18 号铁丝，用花艺胶带缠好

花蕾材料

- 4 cm × 17 cm 的浅绿色棉纸条
- 4 cm × 43 cm 的桃红色 / 黄色双层皱纹纸
- 46 cm 长的 18 号铁丝，用花艺胶带缠好

叶子材料

- 48 cm × 63.5 cm 的绿色康颂卡纸
- 4 张 1.2 cm × 5 cm 的浅绿色棉纸
- 4 根 23 cm 长的 20 号铁丝，用花艺胶带缠好

- 热熔胶枪
- 热熔胶棒

制作步骤

1. 准备材料：复印或描出第 170 页的大丽花花瓣模板之一，然后剪下来。把做花瓣的棉纸条剪成 6 张 10 cm×25 cm 的纸片，叠放在一起。把花瓣模板放在纸片上，模板顶部朝向浸过水的一边。在棉纸上沿模板描出花瓣轮廓，然后剪下 6 片连续型花瓣。

按照第 16 页的说明，制作一个中号蓬蓬花心。

制作花蕾，用圆弧花边剪刀把浅绿色棉纸条的长边剪成弧形，然后用多层剪刀在黄色皱纹纸条的长边上剪出 1.2 cm 长的流苏花边。用手指把黄色皱纹纸没有花边的一边捏起来，包在提前用胶带缠好的铁丝上，然后用花艺胶带固定好，并缠绕至底部下方大约 2.5 cm 处。在光滑平整的桌面上用指尖轻轻地把浅绿色棉纸没有花边的一边捏起来（A），整成扇形，然后均匀地包在黄色皱纹纸外侧，使皱纹纸和棉纸一样高。用花艺胶带把棉纸底部固定好，并把胶带向下缠绕约 2.5 cm（B）。在花蕾底部下方约 5 cm 处把枝干绕食指折成 U 字形。

复印或描出第 171 页的大丽花叶子模板，然后剪下来。在绿色康颂卡纸上描出 2 片小叶子和 2 片大叶子的轮廓，然后剪下来并折出折痕。按照第 22 页的说明把叶子固定到枝干上。

2. 制作花朵：在光滑平整的桌面上用指尖轻轻地把花瓣底部捏起来，整成扇形（C），然后用花艺胶带把捏起来的底部粘到蓬蓬花心周围（D），并把胶带缠绕至花心底部下方约 2.5 cm 处。把第二片花瓣放在第一片花瓣旁边，边缘重叠 1.2 cm，并用花艺胶带将其底部固定好。重复以上步骤，处理剩余花瓣，将它们粘到前两片花瓣下方，但不要粘到正下方（E）。要抑制把花瓣抖松或捋顺的冲动。

3. 组装枝干：把 2 片小叶子的枝干与花蕾枝干并在一起，使 2 片叶子相对，位于花蕾底部下方 12 cm 处（F）。

把花朵底部折 60°，然后把花朵放在花蕾枝干的叶子下方 7.5 cm 处，并用花艺胶带将花朵底部下方 7.5 cm 处固定到花蕾枝干上（G）。在花朵枝干与花蕾枝干交汇处把花朵枝干折 60°。

把一片大叶子并在花蕾枝干后面，与花朵枝干相对，然后把第二片大叶子放在第一片叶子下方 5 cm 处，与第一片叶子相对（H）。在花蕾枝干和第一片大叶子的交汇处，把花蕾枝干朝与叶子相反的方向折 15°（I）。把叶子调整好，使枝干上的每个部分都保持适当距离。因为大丽花是一种野花，所以它的枝干比大多数花的枝干更弯曲。用钳子在底部叶子下方 12 cm 处剪断主干，使花头朝下，用花艺胶带缠好枝干末端。

毛球花

客户经常要求我把3种大花组合在一起，比如一朵大号花园玫瑰、一朵牡丹和一朵罂粟花。当你把这几种花组合在一起时，中间会出现一个三角形空隙。为了填补空隙（也为了节省时间和金钱），我会把一种被我称为毛球花的花朵放在中间。这种花没有叶子，甚至可能在大自然中并不存在。但是，每当你的花艺作品有空隙需要填补时（比如第154页的花环），这种虚构的风格奇特的花朵能够使你的作品达到理想效果！

成品尺寸

大约 30.5 cm

通用材料和工具

- 中号剪刀
- 绿色花艺胶带
- 23 cm 长的 18 号铁丝，用花艺胶带缠好
- 钳子

花瓣材料

- 2 张 7.5 cm × 50 cm 的青色棉纸条，用漂白液浸染（第 8 页）

制作步骤

1. 准备材料：复印或描出第 172 页的毛球花花瓣模板，然后剪下来。把青色棉纸条剪成 6 张 7.5 cm×10 cm 的纸片，叠放在一起。把花瓣模板放在纸片上，花瓣模板顶部朝向漂白过的一边。沿模板在棉纸上描出花瓣轮廓，然后剪下 6 片连续型花瓣。

2. 组装花朵：在光滑平整的桌面上用指尖轻轻地把连续型花瓣的底部捏起来，使花瓣呈扇形（A）。然后用花艺胶带把捏起来的底部固定在提前缠好的铁丝上（B）。重复以上步骤，处理剩余花瓣，把它们均匀地固定在铁丝上，做成一朵小花（C）。用胶带把整个枝干缠好，用钳子把枝干修剪到合适的长度，使花头朝下，用胶带包住修剪过的枝干末端。

A　　B　　C

毛地黄

这种花是我送给我的第一个大客户——纽约设计师约翰·德里安的礼物，他猜测（而且猜对了！）人们会喜欢我的纸艺花。我发现他最喜欢的花是毛地黄，就为他准备了这份完美的礼物。我想象枝干上挂着各种尺寸的铃铛形花朵，但是却不知道如何才能把花做成那种形状。最终，我想出了把棉纸花瓣绕在手指上卷成铃铛形的方法。你也可以用这种方法，而且可以在这永葆美丽的花朵上留下自己的“记号”，这真的很酷。

成品尺寸

大约 66 cm

通用材料和工具

- 中号剪刀
- 深绿色花艺胶带
- 24 根 10 cm 长的 20 号铁丝，用花艺胶带缠好
- 3 根 46 cm 长的 18 号铁丝，用来加固枝干
- 钳子
- 酒红色水粉颜料
- 画笔

花瓣材料

- 5 张 10 cm × 50 cm 的乳白色棉纸条，用漂白液浸染，并洒上斑点（第 8 页和第 10 页）

中号花蕾球材料

- 50 cm × 76 cm 的乳白色棉纸条，用漂白液浸染，并洒上斑点
- 23 cm 长的 18 号铁丝，用花艺胶带缠好

叶子材料

- 48 cm × 63.5 cm 的深绿色康颂卡纸
- 15 张 1.2 cm × 5 cm 的浅绿色棉纸
- 15 根 10 cm 长的 20 号铁丝，用胶带缠好
- 热熔胶枪
- 热熔胶棒

制作步骤

1. 准备材料： 复印或描出第 172 页的毛地黄花瓣模板，然后剪下来。把乳白色棉纸条剪成 24 张 10 cm×10 cm 的纸片，然后把它们分成 4 摞，每摞 5 张，剩下的 4 张为一摞。在每摞 5 张的一摞纸片上沿小号花瓣模板描出轮廓，剪下 5 片小号花瓣；在每摞 5 张的两摞纸片上沿中号花瓣模板描出轮廓，剪下 10 片中号花瓣；在剩下的纸片上沿大号花瓣模板描出轮廓，剪下 9 片大号花瓣。

按照第 19 页的说明制作一个中号花蕾球。

复印或描出第 172 页的毛地黄叶子模板，然后剪下来。在深绿色康颂卡纸上描出 3 片小号叶子、3 片中号叶子和 9 片大号叶子的轮廓，然后把它们剪出来，并折出折痕。按照第 22 页的说明把叶子固定在枝干上。

2. 制作铃铛形花朵： 把小拇指放在一片小号花瓣中间，指尖距离直边 1.2 cm。用花瓣纸把小拇指包起来（A），然后把指尖上方的直边拧起来。小心地把手指从花瓣里抽出来，然后把拧起来的地方固定到预先用花艺胶带缠好的 10 cm 长的铁丝上（B），并把花艺胶带在花朵下方缠绕 2.5 cm。重复以上步骤，处理余下的小号花瓣。按照以上步骤，做出 10 朵中号铃铛形花朵和 7 朵大号铃铛形花朵，做大号花瓣时用食指卷花瓣（C）。最后还有 2 片大号花瓣，重复以上步骤，用大拇指卷花瓣，做 2 朵大号的盛开的铃铛形花朵（D）。在每朵花底部下方 2.5 cm 处把枝干折 10°。

3. 组装铃铛形花朵： 小号花朵应该放在最顶端，中号和大号花朵依次向下放置，2 朵大号盛开的花朵放在最下面。把 2 朵小号花朵枝干直立的部分与花蕾的枝干并在一起，枝干弯折处位于花蕾底部下方 5 cm 处，使花朵朝前（E）。用花艺胶带把铃铛形花朵的枝干和花蕾枝干粘在一起，向下缠绕 5 cm（F）。重复以上步骤，处理其余 3 朵小号花朵，把它们放在第一排花朵下方 2.5 cm 处，形成第二排。再用同样的方法处理 3 朵中号花朵，形成第三排。

添加一根 46 cm 长的加固铁丝。把枝干粘在一起后，枝干之间会出现空隙。把加固铁丝顶端插进粘第三排花朵的那一层胶带的空隙里（G）。用花艺胶带将加固铁丝和已有枝干粘在一起，把胶带一直缠绕到枝干末端。

在第三排花朵下方 4 cm 处添加 3 朵中号花朵，形成第四排；重复以上步骤，添加 4 朵中号花朵，形成第五排；重复以上步骤，添加 3 朵大号花朵，形成第六排。添加第二根加固铁丝，用花艺胶带缠到枝干末端。然后添加 4 朵大号花朵，形成第七排；重复以上步骤，添加 2 朵大号盛开的花朵，形成第八排，也就是最后一排，然后添加第三根加固铁丝。

从最后一排花朵开始，依次把每一排的花朵向下折，使花朵尽可能地靠近枝干，但仍保留适当空间（H），然后把顶部的花蕾球向前折 45°。

4. 粘贴叶子：把 3 片小号叶子的枝干与花朵枝干并在一起，使叶子相对，位于最下面一排花朵底部下方 12 cm 处，并用花艺胶带将其固定到花朵枝干上，把胶带从叶子底部向下缠绕 2.5 cm（I）。重复以上步骤，处理 3 片中号叶子枝干，把中号叶子放置在小号叶子下方 2.5 cm 处。重复以上步骤，处理 9 片大号叶子枝干，分三组固定到花朵枝干上，每组间隔 2.5 cm。调整叶子的角度和位置。在最下面一排叶子下方 15 cm 处用钳子剪断枝干。使花头朝下，用花艺胶带缠好剪断的枝干末端。

贝母

贝母是一种球根花卉，已经存在了几百年。在荷兰和佛兰德斯美术大师的静物写生中，这种娇小的铃铛形花卉经常出现。同时，这种花也是我的灵感的巨大源泉。如果你近距离观察那些紫红色的花瓣，就会发现上面有棋盘状花纹。为了在棉纸上画出这种独特的花纹，我想出了一种方法，即用漂白液作画。这并不难，而且在这种小花上进行这种尝试非常有趣。

成品尺寸

大约 23 cm

通用材料和工具

- 中号剪刀
- 绿色花艺胶带
- 钳子

花瓣材料

- 7.5 cm × 50 cm 的紫红色或淡草绿色棉纸条，用漂白液画出图案（第 9 页）

单一花蕊材料

- 2 根黄色花蕊
- 30.5 cm 长的 22 号铁丝，用花艺胶带缠好

叶子材料

- 48 cm × 63.5 cm 的绿色康颂卡纸

制作步骤

1. 准备材料：复印或描出第 172 页的贝母花瓣模板，然后剪下来。把做花瓣用的棉纸条剪成 7.5 cm×12 cm 的纸片（A）。把花瓣模板放在纸片上，调整位置，使花瓣上能够呈现菱形图案。沿模板描出轮廓，剪下连续型花瓣（B）。

按照第 18 页的说明制作一个单一花蕊。

复印或描出第 172 页的贝母叶子模板，然后剪下来。在绿色康颂卡纸上描出 10 片叶子的轮廓，然后把它们剪下来。

2. 给连续型花瓣塑形：在光滑平整的桌面上轻轻地用指尖把连续型花瓣的底部捏在一起（C）。把连续型花瓣放在花蕊枝干顶端下方 2.5 cm 处，使花蕊与花瓣顶端齐平，从侧面看时能看见花蕊。调整花瓣，使其均匀分布，并使其底部稍微重叠（D），用花艺胶带把花朵底部粘到枝干上（E）。把指尖插进花朵内部，为花朵塑形。用食指指尖和大拇指轻轻向外推花瓣底部的褶子，使其变平整（F）。

3. 组装枝干：按照第 21 页的步骤把叶子横放在闭合的剪刀的刀背上，轻轻地按住并向外拉，使其微微卷曲（G）。把一片叶子放在花朵底部，使叶子碰到花朵外侧，并向枝干下方卷曲。把叶子底部和枝干捏在一起，然后用花艺胶带把叶子底部的 1.2 cm 粘到枝干上（H）。重复以上步骤，处理剩余叶子并成对粘到枝干上，每对间隔 2.5 cm。

铃铛形花朵自然下垂的时候最美，所以你可以把枝干掰弯，使其呈优美的弧形（I）。掰的时候注意让花瓣的接缝朝下，靠近枝干（这样就看不见接缝了）。用钳子把枝干修剪到理想长度，使花头朝下，用花艺胶带包住枝干末端。

A

B

C

D

E

F

G

H

I

花园玫瑰

在布朗克斯纽约植物园度过了美妙的一天之后，我终于鼓起勇气钻研花园玫瑰纸艺花的制作方法。那看上去似乎无限的色彩搭配和花瓣纹理是我创作的源泉，尝试了多种尺寸和色彩搭配之后，我决定做一种盛开时露出花蕊的玫瑰。花园玫瑰的花瓣很多，颇具挑战性，但是我鼓励大家尝试一下。只要做得好看，花瓣多一些或少一些都没关系。

成品尺寸

大约 35.5 cm

通用材料和工具

- 中号剪刀
- 多层剪刀（可选）
- 绿色花艺胶带
- 钳子

花瓣材料

- 3 张 7.5 cm × 50 cm 的深粉色或桃红色棉纸条，用漂白液浸染（第 8 页）
- 3 张 10 cm × 50 cm 的深粉色或桃红色棉纸条，用漂白液浸染（第 8 页）

复合花蕊材料

- 3 根黄色双头花蕊
- 23 cm 长的 18 号铁丝，用花艺胶带缠好
- 2.5 cm × 12 cm 的橘色双层皱纹纸条
- 5 cm × 28 cm 的桃红色棉纸条

叶子材料

- 48 cm × 63.5 cm 的绿色康颂卡纸
- 6 根 23 cm 长的 20 号铁丝，用花艺胶带缠好
- 6 张 1.2 cm × 5 cm 的浅绿色棉纸
- 热熔胶枪
- 热熔胶棒

制作步骤

1. 准备材料：复印或描出第 176 页的花园玫瑰花瓣模板，然后剪下来。把 7.5 cm×50 cm 的棉纸条剪成 30 张 5 cm×7.5 cm 的纸片，然后把它们分成 6 摞，每摞 5 张。把小号花瓣模板放在一摞纸片上，花瓣模板的顶端朝向漂白过的一边。沿模板描出轮廓，然后剪下 6 片小号花瓣。重复以上步骤，处理剩余纸片，总共剪下 30 片小号花瓣。

把 10 cm×50 cm 的棉纸剪成 30 片 5 cm×10 cm 的纸片，然后把它们分成 6 摞，每摞 5 张。把大号花瓣模板放在一摞纸片上，花瓣模板的顶端朝向漂白的一边。沿模板描出轮廓，然后剪下 6 片大号花瓣。重复以上步骤，处理剩余纸片，总共剪下 30 片大号花瓣。

按照第 18 页的说明制作一个复合花蕊。

复印或描出第 176 页的柑橘 / 花园玫瑰 / 茉莉花叶子模板，然后剪下来。在绿色康颂卡纸上沿模板描出 4 片小号叶子和 2 片大号叶子的轮廓，并把它们剪下来，折出折痕。按照第 22 页的说明制作叶子枝干。

2. 制作双层花瓣：把 2 片小号花瓣叠在一起，然后错开 1.2 cm，使其呈扇形，这是一组双层花瓣。按照第 21 页的说明用闭合的剪刀的刀背处理双层花瓣边缘，使其微微卷曲（A）。（有的时候，我并不会把花瓣前缘做成弧形，而会把左边、右边或者双层花瓣的顶端做成弧形，使花朵看起来更独特。）把双层花瓣调整出凹面，捏出褶子（第 30 页）。褶子应该从底部延伸至距离花瓣顶端 1.2 cm 处。褶子的底部宽约 0.6 cm。重复以上步骤，处理剩余花瓣，总共做 15 组小号双层花瓣。用同样的方法再制作 15 组大号双层花瓣。轻轻地把双层花瓣的底部捏起来，把花瓣调整出凹面（B）。

3. 组装花朵：我喜欢随机组合花瓣，并尽可能地少用胶带。把一组小号双层花瓣捏起来的底部放在复合花蕊底部，用花艺胶带粘在一起，使花瓣包围花蕊，然后把胶带向下缠绕铁丝 2 圈至花朵底部下方 1.2 cm 处（C）。把第二组双层花瓣放在第一组旁边，边缘稍稍重叠，并用花艺胶带粘好（D）。然后把余下的小号双层花瓣都粘上，使其逐渐把花蕊围起来。随着花瓣的增加，花朵的形状也逐渐呈现出来。使花瓣均匀分布，大体呈圆形。（如果有需要，你在这里就可以停下，这样就完成了一朵小一点儿的玫瑰，把它和大一点儿的玫瑰搭配成一对非常漂亮。）再把大号双层花瓣粘上，使其随机分布，最终大号双层花瓣要包围小号双层花瓣（E）。固定最后一组花瓣的时候，一定要保证整朵花是圆形的，不要出现某处花瓣过于稀少的情况。抖一抖，使花朵打开，把花朵枝干向前折 30°（F）。

4. 粘贴叶子：玫瑰的每枝叶柄上通常有 3 片叶子。把 2 片小号叶子的枝干与 1 片大号叶子的枝干并在一起，使小号叶子位于大号叶子下方 2.5 cm 处（G）。用花艺胶带把枝干捆扎在一起，一直向下缠绕，把整枝枝干缠好，把 2 片小号叶子分别折 30° 和 60° （H）。重复以上步骤，处理剩余叶子，做成第二根有 3 片叶子的枝干。

5. 组装枝干：把第一根有 3 片叶子的枝干折 60° ，第二根折 90° ，然后把一组叶子放在花朵底部下方 10 cm 处，把另一组叶子放在第一组叶子下方 5 cm 处，使 2 组叶子相对（I）。用钳子把枝干修剪到理想长度，使花头朝下，用花艺胶带包住枝干末端。

天竺葵

我认为天竺葵是很酷的奶奶花——我爱极了它的香味和形状有趣的叶子。每当我得到满满一花瓶花朵很大的花时，都会加几朵天竺葵以达到结构上的平衡。在这件作品中，叶子成了明星。每片叶子都是手绘的，使得这种简单而独特的花看起来格外精巧。不要担心，在叶子上手绘其实非常简单，尤其是用高品质的天然猪鬃画笔蘸着水粉颜料作画，那就更简单了。在这个作品中，我用了橘色棉纸做天竺葵，但是用深粉色或深紫红色棉纸做出来的花也非常漂亮。

成品尺寸

大约 33 cm

通用材料和工具

- 中号剪刀
- 多层剪刀（可选）
- 绿色花艺胶带
- 46 cm 长的 18 号铁丝，用来加固枝干
- 钳子

花瓣材料

- 5 张 7.5 cm × 50 cm 的橘色棉纸条，用漂白液浸染（第 8 页）

天竺葵花心材料

- 7 根黄色双头花蕊
- 7.5 cm × 50 cm 的橘色棉纸条（做花瓣剩下的棉纸条）
- 7 根 10 cm 长的 22 号铁丝，用花艺胶带缠好

叶子材料

- 48 cm × 63.5 cm 的绿色康颂卡纸
- 7 张 1.2 cm × 5 cm 的浅绿色棉纸
- 7 根 23 cm 长的 18 号铁丝，用花艺胶带缠好
- 白色和绿色水粉颜料
- 画笔
- 热熔胶枪
- 热熔胶棒

制作步骤

1. 准备材料：复印或描出第 174 页的天竺葵花瓣模板，然后剪下来。把橘色棉纸条剪成 21 张 7.5 cm×7.5 cm 的纸片，把它们分为 4 张每摞或 5 张每摞。把花瓣模板放在一摞棉纸上，使花瓣模板的顶端朝向漂白过的一边。沿模板在棉纸上描出轮廓，剪下 4 片或 5 片花瓣。重复以上步骤，处理剩余纸片，共剪下 21 片连续型花瓣。

把 7.5 cm×50 cm 的棉纸条剪成 5 cm×35.5 cm，然后纵向折叠，并在折叠边剪出 1.2 cm 长的流苏花边。把剪好流苏花边的纸条裁剪成 7 张 5 cm 宽的纸片，要把它们做成 7 朵天竺葵的花心。用一片剪好流苏花边的纸片包住花蕊，使花蕊露出 0.6 cm，然后用花艺胶带将它们固定到 10 cm 长的铁丝上。

复印或描出第 174 页的蜀葵 / 天竺葵叶子模板，然后剪下来。在绿色康颂卡纸上描出 1 片小号叶子、4 片中号叶子和 2 片大号叶子的轮廓，然后把它们剪下来。按照第 10 页的说明用水粉颜料给叶子外边缘上色，然后按照第 22 页的说明折叠叶子，并把叶子粘到枝干上。

2. 制作小花：在光滑平整的桌面上用指尖轻轻把花瓣底部捏起来，使花瓣呈扇形（A）。把花瓣底部按压到花心枝干上，使花瓣顶部高出花心 1.2 cm。用胶带把花瓣粘到花心枝干上，并把粘贴花心流苏花边的胶带盖住，粘牢（B）。重复以上步骤，处理剩余 2 片连续型花瓣，做成圆形小花，使花瓣均匀地包围着花心。重复以上步骤，处理剩余的天竺葵花心和连续型花瓣，总共做 7 朵小花，并在花朵底部下方 2.5 cm 处把枝干折 60°（C）。

3. 组装花朵：把 2 朵小花枝干的弯折点并在一起，使 2 朵小花朝向相反，用花艺胶带粘好，把胶带绕铁丝水平缠绕 2 圈（D）。重复以上步骤，再添加 2 朵小花，与前 2 朵朝向相反，形成一束花朵分布均匀的花束。用花艺胶带把这 4 朵小花的枝干粘牢。用钳子把胶带下方的 2 根枝干剪断，剩下的 2 根枝干就成了花的主干（E）。

再添加 2 朵小花，填补花朵之间的空隙，并用花艺胶带将其固定到主干上。添加最后一朵小花，并用胶带把整个枝干都缠好。使小花均匀分布，进一步调整花朵形状。接下来添加加固铁丝。因为把枝干用花艺胶带缠在一起时会产生空隙，所以要把加固铁丝的顶端插进空隙中，然后用花艺胶带缠住整个枝干（F）。

4. 组装枝干：将每片叶子的底部折 60°，然后在叶子底部下方 10 cm 处把枝干折 60°（G）。把小叶子枝干的直立部分和花朵枝干并在一起，使叶子位于花朵底部下方 12 cm 处。把叶子枝干与花朵枝干粘在一起，从叶子枝干弯折处开始缠胶带，向下缠绕 5 cm。在小号叶子下方 2.5 cm 处添加一片中号叶子，然后继续把剩余叶子以 2.5 cm 的间隔粘到花朵枝干上，使叶子呈辐射状。每粘一片叶子，都把胶带向下缠 5 cm（H）。调整叶子的角度（I）。用钳子把枝干修剪到理想长度，使花头朝下，用胶带包住修剪过的枝干末端。

木槿

木槿有绮丽的花瓣和突出的花蕊，我非常喜欢它的异国情调。因此，当一位客户要求我给一场加勒比式婚礼中的纪念蛋糕做装饰时，我突发灵感，做出了“绿色花瓶”的第一朵纸艺花。木槿花瓣有着精美的竖纹，使我想到了皱纹纸，许多木槿花瓣的颜色是渐变色，两面的颜色也不同——就像做这个作品用的皱纹纸。这种双层皱纹纸被打湿后，会沿着纹理膨胀，使花瓣上出现褶子。通过漂白，我还可以在纸花上再现真木槿花的渐变效果。我总是不厌其烦地再现这种加勒比海式风情之美。

成品尺寸

大约 20 cm

通用材料和工具

- 中号剪刀
- 黄色花艺胶带
- 绿色花艺胶带
- 多层剪刀（可选）
- 钳子

花瓣材料

- 4 张 12 cm × 15 cm 的西瓜红色 / 桃红色，或者桃红色 / 黄色双层皱纹纸，用漂白液浸染（第 8 页）

瓶刷形花心材料

- 2 根粉色双头花蕊，对半剪开
- 23 cm 长的 18 号铁丝，用花艺胶带缠好
- 5 cm × 15 cm 的浅黄色棉纸条
- 4 cm × 12 cm 的浅橘色双层皱纹纸

叶子材料

- 48 cm × 63.5 cm 的绿色康颂卡纸
- 2 张 1.2 cm × 5 cm 的浅绿色棉纸
- 2 根 10 cm 长的 20 号铁丝，用花艺胶带缠好
- 热熔胶枪

- 热熔胶棒

制作步骤

1. 准备材料：复印或描出第 173 页的木槿花瓣模板，然后剪下来。把花瓣模板放在 12 cm×15 cm 的双层皱纹纸上，花瓣模板顶端朝向漂白的一边。沿模板在双层皱纹纸上描出花瓣轮廓，并剪下花瓣。重复以上步骤，总共剪下 4 片花瓣。

按照第 17 页的说明做一个标准的瓶刷形花心。把花蕊固定到 18 号铁丝上之后，用黄色花艺胶带把剪出流苏花边的浅黄色棉纸固定到铁丝上，并把胶带缠绕至花蕊底部下方 5 cm 处。在 4 cm×12 cm 的浅橘色双层皱纹纸的长边剪出 1.2 cm 长的流苏花边（A），然后把它围在浅黄色螺旋状花心下方 2.5 cm 处。用绿色花艺胶带把浅橘色双层皱纹纸固定到枝干上，至少把胶带向下缠绕 5 cm（B）。

复印或描出第 173 页的木槿叶子模板，然后剪下来。在绿色康颂卡纸上描出小号和大号叶子的轮廓，然后把它们剪下来，折出折痕。按照第 22 页的说明制作叶子枝干。

2. 制作花朵：这种花的花瓣非常宽，所以一定要给每片花瓣的底部留出足够的空间，使其能围绕枝干粘上去。规划好 4 片花瓣的位置，每片花瓣的底部所占空间约占枝干圆周的 1/4。

在光滑平整的桌面上用指尖把花瓣底部轻轻地捏起来，使花瓣呈扇形（C）。把花瓣捏起来的一端抵在瓶刷形花心的枝干上，放在浅橘色双层皱纹纸下方。用花艺胶带把花瓣粘到枝干上，花瓣底部所占空间不要超过枝干圆周的 1/4，然后把胶带缠绕至花瓣底部下方 2.5 cm 处（D）。

让第二片花瓣压住第一片花瓣的边缘，大约重叠 1.2 cm，像固定第一片花瓣那样，用花艺胶带固定好第二片花瓣。这时，花瓣从俯视角度看呈螺旋状。重复以上步骤，处理剩余花瓣（E）。

把花瓣用力向外折，使花瓣展开平铺。因为双层皱纹纸太厚了，花瓣很容易恢复原来的状态，所以可以多折几次，直到花朵可以保持完全打开的状态，看起来丰满而硕大（F）。

轻轻地折瓶刷形花心，使其呈弧度较小的弧形，就像大自然中真正的花蕊那样。

3. 粘贴叶子：在花朵下方 2.5 cm 处把枝干折 60°。把叶子枝干和花朵枝干并在一起，使叶子位于花朵底部（H）。用花艺胶带粘好，向下缠绕约 10 cm。用钳子在叶子底部下方 10 cm 处把枝干剪断（I）。使花头朝下，用胶带包住修剪过的枝干末端。

A
B
C
D
E
F
G
H
I

蜀葵

蜀葵是这本书中最高大、最优雅的花，当需要较高的花做装饰时，蜀葵是不二之选。蜀葵可爱的茎上有3朵大小不一的花，在制作时你需要集中注意力，保持耐心——不过，这些付出都是值得的。

成品尺寸

大约100 cm高

通用材料和工具

- 中号剪刀
- 绿色花艺胶带
- 5根46 cm长的18号铁丝，用来加固枝干

- 钳子

花瓣材料

- 10 张 7.5 cm × 50 cm 的西瓜红色、紫色或金黄色棉纸条，用漂白液浸染或扎染（第 8 ～ 9 页）

大号花蕾球材料

- 46 cm 长的 18 号铁丝，用花艺胶带缠好
- 50 cm × 76 cm 的 西瓜红色、紫色或金黄色棉纸
- 2 张 7.5 cm × 7.5 cm 的正方形西瓜红色、紫色或金黄色棉纸

复合花蕊材料

- 3 根黄色双头花蕊
- 3 根 23 cm 长的 18 号铁丝，用花艺胶带缠好
- 25 cm × 124 cm 的橘色双层皱纹纸
- 50 cm × 76 cm 的桃红色棉纸

叶子材料

- 48 cm × 63.5 cm 的绿色康颂卡纸
- 8 张 1.2 cm × 5 cm 的浅绿色棉纸
- 8 根 10 cm 长的 20 号铁丝，用花艺胶带缠好
- 热熔胶枪
- 热熔胶棒

制作步骤

1. 准备材料：复印或描出第 175 页的蜀葵花瓣模板，然后剪下来。把 7.5 cm× 50 cm 的棉纸条剪成 5 张 7.5 cm×10 cm 的纸片，把它们摞成一摞。沿小号花瓣模板在棉纸上描出轮廓，剪下 5 片小号花瓣。再把剩余的 7.5 cm×50 cm 的棉纸条剪出 6 张 7.5 cm×12 cm 的纸片，剪下中号花瓣；剪出 12 张 7.5 cm×25 cm 的纸片，剪下大号花瓣。

按照第 19 页的说明制作一个大号花蕾球（注意，要用一根 46 cm 长的铁丝而不是 23 cm 长的）。

按照第 18 页的说明制作 3 个复合花蕊。

复印或描出第 174 页的蜀葵 / 天竺葵叶子模板和蜀葵萼片模板，然后剪下来。在绿色康颂卡纸上沿模板描出 3 片萼片、2 片小号叶子、4 片中号叶子和 2 片大号叶子的轮廓，然后把它们剪下来。按照第 22 页的说明制作叶子枝干。把萼片放在

闭合的剪刀刀背上轻轻拉伸，使其微微卷曲。

2. 制作花蕾：用一片小号花瓣半包住花蕾球，漂白的一边在上面，使花瓣顶端与花蕾球顶端齐平。捏着花瓣底部抵住花蕾球底部，并用花艺胶带将其粘在铁丝上。用胶带向下缠绕，直到覆盖住花瓣。重复以上步骤，处理另一边。

用花艺胶带将第一片萼片较宽的一端粘到花蕾枝干上，使萼片随着花蕾的弧度弯曲。将胶带缠绕至花蕾底部下方 2.5 cm 处。重复以上步骤，处理剩余萼片，使它们均匀分布在花蕾周围（A）。

3. 制作含苞待放的花朵：在光滑平整的桌面上用指尖轻轻地把一片小号花瓣的底部捏起来，然后用手握紧（B），松开后花瓣上会出现松散的风琴褶。把花瓣没有整形的一端展开呈扇形，然后把捏起来的一端用花艺胶带粘在 23 cm 长的铁丝上（C）。将胶带缠绕至花瓣底部下方约 1.2 cm 处。

把另一片小号花瓣放在第一片旁边，使其边缘重叠 1.2 cm，把另一半铁丝包住，使花瓣呈螺旋状。用花艺胶带把花瓣粘在枝干上，然后重复以上步骤，粘贴第三片花瓣。这样就做成了一朵即将盛开的花。

4. 制作其余花朵：在光滑平整的桌面上用指尖轻轻地把一片中号花瓣的底部捏起来，然后用手握紧，松开后花瓣上会出现松散的风琴褶。把花瓣没有整形的一边整成扇形，然后用花艺胶带把捏起来的一端粘到花蕊上（D）。将胶带缠绕至花蕊底部下方 1.2 cm 处。把第二片中号花瓣放在第一片旁边，花瓣边缘重叠 1.2 cm，把铁丝的另一半包住，使花瓣呈螺旋状。用花艺胶带把花瓣粘好（E）。重复以上步骤，处理最后 4 片花瓣，把它们粘在前两片花瓣的下面，但是不要处于正下方。注意，每粘一片花瓣时，位置不要向下移动，胶带都应缠在花朵底部的同一位置。用手掌按压花瓣边缘，使花朵变蓬松，这样可以使花朵呈圆形。

重复以上步骤，再制作 2 朵花，每朵花用 1 个花蕊和 6 片大号花瓣。

5. 开始组装枝干：把每朵花的底部向前折 60°（F）。制作蜀葵时，最小的花朵和叶子应位于最顶端，最大的花朵和叶子在最下面。花朵互不接触，每朵花都位于 2 片叶子之间。用花艺胶带把含苞待放的花朵粘到花蕾的枝干上，使花朵位于花蕾底部下方 7.5 ～ 10 cm 处。把一片小号叶子的枝干和花蕾的枝干并在一起，使叶子位于含苞待放的花朵下方 2.5 cm 处，并用胶带粘好，向下缠绕胶带直到把整个枝干包裹起来。把第二片小号叶子的枝干并在第一片叶子的下方 1.2 cm 处，2 片叶子相对放置（G）。把较小的盛开的花朵放在靠下的小号叶子下方 5 cm 处（H）。

6. 完成组装枝干：要在已有枝干中添加一根 46 cm 长的铁丝，起到加固作用。在用胶带把 2 根铁丝缠在一起时，中间出现了缝隙。把加固铁丝的顶端插入这个缝隙之中，并用花艺胶带固定好，在第二朵花下方向下缠 5 cm 胶带。现在，枝干应该有大约 70 cm 长。

把一片中号叶子的枝干与已有枝干并在一起，使叶子位于第二朵花下方 5 cm 处，用胶带固定并把整个枝干缠起来。然后把另一片中号叶子放在已有枝干另一侧粘好。

依次把 1 朵盛开的花朵、2 片中号叶子和 1 朵盛开的花朵粘到已有枝干上，样式可以参考第 72 页的照片。按照上面的步骤再添加 2 根加固铁丝。

把 2 片大号叶子粘到已有枝干上，然后再添加 2 根加固铁丝（I）。

用钳子在最下面的叶子下方 17 cm 处剪断枝干。使花头朝下，用胶带包住修剪过的枝干末端。

日本银莲花

只有在每年秋季的几周才能在花卉市场上看到日本银莲花，这种花的精致和优雅让人难以置信，我忍不住用纸进行再创作。我的日本银莲花可能是这本书中最具风格的花卉之一——我扩大了花朵的尺寸，缩短了又细又长的枝干，使它看起来更加生动。

成品尺寸

大约 33 cm

通用材料和工具

- 中号剪刀
- 绿色花艺胶带
- 钳子
- 多层剪刀（可选）

花瓣材料

- 2 张 7.5 cm × 50 cm 的香槟色棉纸条，用漂白液浸染（第 8 页）

花蕾球材料

- 50 cm × 76 cm 的浅绿色棉纸
- 46 cm 长的 20 号铁丝，用花艺胶带缠好

罂粟花心材料

- 安全棉签
- 50 cm × 76 cm 的浅黄色棉纸
- 50 cm × 152 cm 的浅黄色优质皱纹纸
- 23 cm 长的 18 号铁丝，用花艺胶带缠好

叶子材料

- 48 cm × 63.5 cm 的绿色康颂卡纸
- 4 张 1.2 cm × 5 cm 的浅绿色棉纸
- 4 根 10 cm 长的 20 号铁丝，用花艺胶带缠好
- 热熔胶枪
- 热熔胶棒

制作步骤

1. 准备材料：复印或描出第 176 页的日本银莲花花瓣模板，然后剪下来。把香槟色棉纸条剪成 20 张 5 cm×7.5 cm 的纸片，并把它们分成 4 摞，每摞 5 张。把花瓣模板放在一摞纸片上，花瓣模板顶部朝向漂白的一边。沿模板描出轮廓，然后剪下 5 片花瓣。重复以上步骤，总共剪下 20 片花瓣。

按照第 17 页的说明制作一个中号罂粟花心。

按照第 19 页的说明制作一个中号花蕾球。

复印或描出第 176 页的花毛茛 / 日本银莲花叶子模板，然后剪下来。在绿色康颂卡纸上沿叶子模板描出 2 片大号叶子和 2 片小号叶子的轮廓，并把它们剪下来，折出折痕。按照第 22 页的说明制作叶子枝干。

2. 给花瓣塑形：把每片花瓣都做出褶子，把花瓣调整出凹面（第 20 页）。褶子应该从花瓣底部延伸到距离花瓣顶部 1.2 cm 处（A）。褶子的底部宽约 0.2 cm。重复以上步骤，把 20 片花瓣都做出褶子。轻轻地把花瓣底部捏起来，把花瓣调整出凹面（B）。

3. 组装花朵：不像其他花那样需要把花瓣一片挨一片地粘在花心周围，粘日本银莲花的每片花瓣时应该随意一些。把一片花瓣的底部抵在罂粟花心底部（C），然后把另一片放在左边。小心地用绿色花艺胶带把花瓣粘在枝干上，从花瓣和花心底部重合的地方开始缠胶带，绕铁丝缠两圈直到覆盖住花瓣底部。剪断胶带，并把胶带被剪断的一端粘在铁丝上，抚平捏紧。重复以上步骤，粘贴另外两片花瓣（D），然后继续添加花瓣，根据需要填补空缺，直到 20 片花瓣全部呈辐射状粘贴到枝干上，使花朵呈圆形。把花朵底部下方 4 cm 处的枝干折 60°。

4. 组装花蕾：轻轻向下折中号花蕾球的枝干，折成开口的倒 U 字形。从花蕾球底部下方 5 cm 处折，枝干绕食指折 2/3 圈（F）。

把一片小号叶子的枝干与花蕾枝干并在一起，把叶子放置在 U 字形弯折处下方 7.5 cm 处，使叶子稍微朝向前方。用花艺胶带把叶子枝干粘到花蕾枝干上，轻轻地用胶带将叶子底部和铁丝接触的地方缠紧（G）。重复以上步骤，把第二片小号叶子粘到花蕾枝干上，与第一片相对放置，调整方向，使其稍微朝向前方。

5. 组装枝干：把花朵枝干和花蕾枝干并在一起，使花朵位于花蕾叶子下方 10 cm 处。在花朵底部下方 5 cm 处把枝干折 30°（H）。用花艺胶带把花朵枝干和花蕾枝干粘在一起，把胶带向下缠 7.5 cm。把一片大号叶子放在花朵下方 4 cm 处，用花艺胶带把叶子枝干粘到主干上。重复以上步骤，处理另一片大号叶子，固定在第一片叶子的对面。如果可以，可以试着一次把两片叶子都粘上，这样可以减少胶带的厚度，使枝干更细一些。继续缠花艺胶带，直到包住整个枝干（I）。用钳子在最靠下的叶子下方 10 cm 处剪断枝干。使花头朝下，并用花艺胶带包住修剪过的枝干末端。

茉莉

母亲的朋友莫林是我人生中最有创造力和影响力的人之一。在我小时候，她有一株似乎永远都盛开的神奇茉莉。她会剪下一簇茉莉花来插花，或者插在我们头上。每次闻到茉莉花的香气，我都会想起她，所以我一定要把这种花写进这本书。加长的茉莉花枝可以从一束花中伸展出去，格外好看。要想做加长的茉莉花枝，可以根据实际需要按照制作步骤中介绍的长度的2倍或3倍来制作。

成品尺寸

大约 25 cm

通用材料和工具

- 中号剪刀
- 深绿色花艺胶带
- 钳子

花瓣材料

- 4 张 7.5 cm × 50 cm 的浅粉色棉纸条，用漂白液浸染（第 8 页）

单一花蕊材料

- 7 根黄色双头花蕊
- 7 根 10 cm 长的 20 号铁丝，用花艺胶带缠好

花蕾材料

- 8 张 5 cm × 5 cm 的正方形粉色棉纸
- 4 根 10 cm 长的 20 号铁丝，用花艺胶带缠好

叶子材料

- 48 cm × 63.5 cm 深绿色康颂卡纸
- 10 张 1.2 cm × 5 cm 的浅绿色棉纸
- 10 根 23 cm 长的 18 号铁丝，用花艺胶带缠好
- 热熔胶枪
- 热熔胶棒

制作步骤

1. 准备材料：复印或描出第 176 页的柑橘 / 茉莉花瓣模板，然后剪下来。将做花瓣用的棉纸条剪成 21 张 7.5 cm×7.5 cm 的纸片，5 张一摞。在一摞棉纸上沿花瓣模板描出轮廓，花瓣模板顶部朝向漂白的一边，剪下 5 片花瓣。重复以上步骤，共剪下 21 片连续型花瓣。

按照第 18 页的说明，用 10 cm 长的铁丝做出 7 个单一花蕊。

复印或描出第 176 页的柑橘 / 花园玫瑰 / 茉莉叶子模板，然后剪下来。在绿色康颂卡纸上描出 2 片小号叶子和 8 片中号叶子的轮廓，把它们剪下来，并折出折痕。按照第 22 页的步骤制作叶子枝干。

2. 制作小花：在光滑平整的桌面上用指尖轻轻地把一片连续型花瓣的底部捏起来，使花瓣呈扇形（A）。把捏起来的花瓣的底部抵在花蕊上，包住花蕊的一半，确

保底部不会散开。重复以上步骤，处理第二片和第三片连续型花瓣，3 片花瓣相对放置，形成一朵圆形小花。然后用花艺胶带把花瓣固定到花蕊的枝干上（B），并把胶带向下缠绕大约 2.5 cm。重复以上步骤，处理剩余的花蕊和花瓣，总共做 7 朵小花。

3. 制作花蕾：把 2 张正方形粉色棉纸叠放在一起，然后对折。折叠边朝上，将上面 2 个角折向底边中心，将棉纸折成三角形（C）。然后把三角形棉纸卷成管状，花蕾就做好了（D）。三角形的直角就是花蕾的顶端。把一根 10 cm 长的铁丝放在花蕾底部 0.6 cm 处，把花蕾底边卷在铁丝上，用花艺胶带固定好，向下缠绕胶带，包裹住整个铁丝（E）。重复以上步骤，处理剩余的正方形棉纸和铁丝，总共做 4 个花蕾。

4. 组装一簇花：把 2 朵小花底部下方 2.5 cm 处的枝干折 60°。把第三朵小花的枝干和前两朵的枝干并在一起，在弯折处用花艺胶带粘好，做成一簇花朵（F）。用花艺胶带在花朵底部下方把 3 根枝干缠在一起，缠绕约 2.5 cm。重复以上步骤，用剩下的 4 朵小花做成一簇花。

把 2 个花蕾底部下方 5 cm 处的枝干折 60°，然后把它们和一簇花的枝干并在一起，使其弯折点重合。把花艺胶带在花蕾底部下方缠绕 5 cm。重复以上步骤，将 3 朵一簇的花和 2 个花蕾粘在一起，再将 4 朵一簇的花和 2 个花蕾粘在一起，组成稍大一点儿的花束。

5. 组装枝干：把 2 片小号叶子的枝干并在一起，使 2 片叶子相对，一片比另一片低 1.2 cm。将每片叶子的底部折 60°。

把 2 片中号叶子的枝干并在一起，与小号叶子相对，位于枝干另一侧，一片比另一片低 1.2 cm。将每片叶子的底部折 60°。

把 3 朵一簇的花的枝干与叶子枝干并在一起，使花朵位于中号叶子下方 1.2 cm 处，花朵一定要放在叶子前方（G）。用花艺胶带把花朵枝干和叶子枝干粘在一起，从花朵底部向下缠 2.5 cm。

再组装 2 组中号叶子枝干，每一组都是枝干并在一起，叶子相对，将每片叶子的底部折 60°。把 2 组中号叶子的枝干用花艺胶带粘到花朵枝干上，2 组叶子在花朵下方 1.2 cm 处交错放置，然后把胶带从叶子底部向下缠到枝干末端。

把 4 朵一簇的花的底部下方 1.2 cm 处的枝干折 45°，放在前面那组叶子下方 2.5 cm 处（H）。组装一组中号叶子枝干，并把它放在第二簇花朵下方 5 cm 处，每片叶子的底部折 60°。把胶带缠绕至枝干末端。用钳子在最后一组叶子下方 7.5 cm 处剪断枝干。使花头朝下，用花艺胶带包住枝干末端。这种花的枝干形态曼妙，因此可以轻轻地把枝干弯成 S 形，使其看起来更加优雅灵动（I）。

A
B
C
D
E
F
G
H
I

柠檬花枝

我父亲在加利福尼亚种了20种柑橘树，有血橙、北京柠檬、柑橘，还有金桔，我随时都可以从树上摘果子吃。当我考虑用纸做一枝柑橘花时，我爱上了叶子斑驳的柑橘花。在纸艺花作品中，制作这种有条纹的叶子是非常有趣的，而且可以为本来就很美的花朵增添与众不同的视觉效果。

成品尺寸

大约 30.5 cm

通用材料和工具

- 中号剪刀
- 绿色花艺胶带
- 钳子
- 2 颗旧棉织柠檬（第 180 页）

花瓣材料

- 3 张 7.5 cm × 50 cm 的乳白色棉纸条，用漂白液浸染（第 8 页）

单一花蕊材料

- 7 根黄色双头花蕊
- 7 根 10 cm 长的 20 号铁丝，用花艺胶带缠好

花蕾材料

- 2 根安全棉签
- 2 张 7.5 cm × 50 cm 的乳白色棉纸条（做花瓣剩下的棉纸）
- 4 根 10 cm 长的 20 号铁丝，用花艺胶带缠好

叶子材料

- 48 cm × 63.5 cm 的绿色康颂卡纸
- 白色和绿色水粉颜料
- 画笔
- 12 张 1.2 cm × 5 cm 的浅绿色棉纸
- 12 根 20 cm 长的 18 号铁丝，用花艺胶带缠好
- 热熔胶枪
- 热熔胶棒

制作步骤

1. 准备材料：复印或描出第 176 页的柑橘 / 茉莉花瓣模板，然后剪下来。把做花瓣用的乳白色棉纸条剪成 14 张 7.5×7.5 cm 的纸片，7 张一摞。在一摞棉纸上沿花瓣模板描出轮廓，花瓣模板的顶部朝向漂白的一边，剪下 7 片连续型花瓣。重复以上步骤，共剪下 14 片连续型花瓣。

按照第 18 页的说明，用 10 cm 长的铁丝做 7 个单一花蕊，要用 10 cm 长的铁丝代替步骤中的 23 cm 长的铁丝。

把做花蕾用的乳白色棉纸条剪成 8 张 5 cm×5 cm 的纸片，按照第 19 页的说明制作 4 个柑橘花蕾，用 10 cm 长的铁丝代替步骤中的 23 cm 长的铁丝，用棉签头代替揉皱的棉纸。

用白色和绿色水粉颜料在康颂卡纸上画出 V 字形花纹。复印或描出第 176 页的柑橘 / 花园玫瑰 / 茉莉叶子模板，然后剪下来。在绿色康颂卡纸上描出 2 片小号叶子和 10 片中号叶子的轮廓，要使 V 字形花纹位于叶子轮廓里面，然后把叶子剪下来（A），并折出折痕。按照第 22 页的说明制作叶子枝干。

2. 制作小花：在光滑平整的桌面上用指尖轻轻地把一片连续型花瓣的底部捏起来，使花瓣呈扇形（B）。重复以上步骤，处理第二片连续型花瓣。把花瓣捏起来的部分抵在花蕊的一侧，确保捏起来的部分不会散开。重复以上步骤，处理另一片连续型花瓣，与上一片花瓣相对放置，形成一朵圆形的小花。然后用花艺胶带把花瓣粘好（C），并把胶带向下缠绕约 2.5 cm。重复以上步骤，处理剩余的 12 片花瓣和 6 个花蕊，再做 6 朵小花。

3. 组装一簇花：将 2 朵小花底部下方 2.5 cm 处的枝干折 60° 。把第三朵小花的枝干和前两朵小花的枝干并在一起，使弯折点重合在一起，将弯折处用花艺胶带粘好，做成一簇花（D）。把花艺胶带在花朵底部下方缠绕约 2.5 cm。挑 2 个柑橘花蕾，将其底部下方 5 cm 处的枝干折 60° ，然后把花蕾枝干与前面做好的一簇花的枝干并在一起，粘好（E）。重复以上步骤，用剩余 4 朵小花和 2 个花蕾做一簇稍微大一些的花。

4. 组装枝干：把 2 片小号叶子的枝干并在一起，使叶子相对，用花艺胶带将 2 根枝干粘在一起，把胶带从叶子底部向下缠绕至枝干末端。把 2 片大号叶子放在小号叶子枝干的两侧，2 片叶子相对，大号叶子位于小号叶子下方 5 cm 处。用花艺胶带把 2 片大号叶子的枝干和小号叶子的枝干粘在一起，把胶带从大号叶子底部向下缠绕至枝干末端（F）。这就是整朵花的主干。把每片叶子都折 60°（G）。

将较小的那簇花的底部下方 5 cm 处的枝干折 60°（H）。把这朵花的枝干与主干并在一起，使花比大号叶子低 2.5 cm，一定要把花固定在叶子前面。用花艺胶带把花粘到主干上（I）。把花艺胶带从花朵底部下方向下缠约 5 cm。

再组装 2 组叶子枝干，每组用 2 片大号叶子，把 2 根枝干并齐，使 2 片叶子相对。用花艺胶带把枝干粘在一起，并把胶带从叶子底部向下缠绕至枝干末端。每片叶子底部都折 60°，然后在叶子底部下方 5 cm 处把整个枝干折 60°（J）。在主干两侧各放一组叶子，把叶子固定在花朵底部下方的 2.5 cm 处。用花艺胶带把枝干粘在一起（K），把胶带从叶子枝干弯折处向下缠绕至枝干末端。

将柠檬底部下方 2.5 cm 处的枝干折 60°，把它放在第二组叶子和主干相连的地方，从枝干弯折处开始，用花艺胶带将柠檬粘到主干上，把胶带向下缠约 5 cm。把另一颗柠檬底部下方 2.5 cm 处的枝干折 60°，然后将其放在第一颗柠檬下方的 2.5 cm 处，从枝干弯折处开始缠胶带，将柠檬粘到主干上（L），把胶带向下缠约 5 cm。

将余下的一簇花底部下方 5 cm 处的枝干折 45°。把花的枝干和主干并在一起，使花位于第二颗柠檬下方 2.5 cm 处，然后用花艺胶带把花和主干粘在一起（M）。把胶带从花朵底部向下绕主干缠约 5 cm。

最后，用剩余的大号叶子制作 2 组叶子枝干，每组用 2 片大号叶子，使枝干并在一起，将叶子相对放置。用花艺胶带把枝干粘在一起，将胶带缠绕至枝干末端。把每片叶子都折 60°，然后将叶子底部下方 5 cm 处的枝干折 60°。在主干两侧各放一组叶子，把叶子固定在花朵底部，用花艺胶带把枝干粘在一起，从叶子枝干弯折处向下缠绕胶带至枝干末端。

用钳子在最后一组叶子下方 7.5 cm 处剪断主干（N）。使花头朝下，用花艺胶带包住主干末端（O）。

A

B

C

D

E

F

G

H

I

J

K

L

M

N

O

白罂粟

我母亲在加利福尼亚开的古董店旁种着白罂粟。这种花成群生长，整天都喜欢在阳光下沐浴，可以长得很高（我母亲种的有183 cm高、152 cm宽）。白罂粟纸艺花那长长的弧形枝干有着惊人之美，和第102页的罂粟花一样，白罂粟并不难做。好好体验制作这种大花朵的乐趣吧！

成品尺寸

大约28 cm高、86 cm宽

通用材料和工具

- 中号剪刀
- 绿色花艺胶带
- 多层剪刀（可选）
- 4根46 cm长的18号铁丝，用来加固枝干
- 钳子

花瓣材料

- 4张15 cm × 50 cm的桃红色棉纸条，用漂白液浸染（第8页）

大号蓬蓬花心材料

- 50 cm × 76 cm的金黄色棉纸
- 46 cm长的18号铁丝，用花艺胶带缠好

叶子材料

- 48 cm × 63.5 cm的绿色康颂卡纸
- 9张1.2 cm × 5 cm的浅绿色棉纸
- 9根23 cm长的20号铁丝，用花艺胶带缠好
- 热熔胶枪
- 热熔胶棒

制作步骤

1. 准备材料（A）：要想做出柔软有褶的花瓣，要把 2 张漂白过的棉纸条叠放在一起，形成双层棉纸。把棉纸的短边握在手心中，慢慢地把棉纸捏起来，一边捏一边做出褶子（B）。注意，要确保褶子是直的——不要把纸揉成球。重复以上步骤，处理剩余棉纸条。把棉纸条展开，并将 2 张棉纸分开，在光滑平整的桌面上轻轻地用指尖把棉纸折出褶子（C），然后在手中压平。展开后，棉纸上应该出现松散的风琴褶。

复印或描出第 177 页的白罂粟叶子模板，然后剪下来。在绿色康颂卡纸上描出 2 片小号叶子、5 片中号叶子和 2 片大号叶子的轮廓，把它们剪下来，并折出折痕。按照第 22 页的说明制作叶子枝干。

按照第 16 页的说明制作一个大号蓬蓬花心。

2. 制作花朵：捏起来花瓣没有漂白的一边，把花瓣展成扇形，然后把捏起来的一端抵在蓬蓬花心底部，用花艺胶带粘好，并把胶带向下缠绕约 7.5 cm（D）。再把一片花瓣放在第一片花瓣旁边，使边缘重叠 1.2 cm，使花瓣呈螺旋状，然后用花艺胶带把花瓣粘好（E）。重复以上步骤，处理剩余两片花瓣，花瓣边缘不要位于前两片花瓣边缘的正下方。用手掌把花瓣压平，使花瓣展开，使花朵呈圆形。

3. 添加叶子：把一片小号叶子的枝干和花朵枝干并在一起，使叶子位于花朵底部下方 6 cm 处。用花艺胶带把叶子枝干粘到花朵枝干上，把胶带从叶子底部向下缠绕约 7.5 cm。把另一片小号叶子固定在第一片小号叶子下方 4 cm 处，并在其下方缠 4 cm 胶带（F）。

把 46 cm 长的加固铁丝与花朵枝干并在一起。用胶带把枝干缠绕在一起后会出现空隙，加固铁丝的顶端要插入粘贴第二片小号叶子时形成的空隙中（G）。用花艺胶带把加固铁丝与花朵枝干粘在一起，缠绕胶带直到包住整个枝干。

把一片中号叶子放在小号叶子对面下方 4 cm 处，用花艺胶带粘好，并把胶带从叶子底部向下缠绕 4 cm。重复以上步骤，在另一侧再粘一片中号叶子，然后再添加一根加固铁丝（H），把花艺胶带缠绕至枝干底部。再添加 2 片中号叶子和第三根加固铁丝，把花艺胶带缠绕至枝干底部。添加一片中号叶子和一片大号叶子，然后再添加一根加固铁丝，把花艺胶带缠绕至枝干底部。把最后一片大号叶子粘好。把所有叶子折 60°，调整叶子，使其看起来更自然（I）。用钳子在最后一片叶子下方 30.5 cm 处剪断枝干。使花头朝下，用花艺胶带包住枝干末端。

A

B

C

D

E

F

G

H

I

葡萄风信子

虽然葡萄风信子是我的最爱，但是我从来没有想过把它做成纸艺花，因为现实中它的花朵太小了。不过，一位客户找到我，想让我为一场亚麻制品发布会制作葡萄风信子纸艺花，给我提供了挑战这种花的绝佳时机。一旦你掌握了这种小花的组装方法，把它们组装在一起就容易多了，最后的成品也十分精美小巧。它们是奇妙的微型“佳作”，是美丽的装饰植物。

成品尺寸

大约 30.5 cm

通用材料和工具

- 中号剪刀
- 多层剪刀（可选）
- 圆弧花边剪刀（可选）
- 绿色花艺胶带
- 铅笔
- 23 cm 长的 18 号铁丝，用来加固枝干
- 钳子

花瓣材料

- 10 cm × 50 cm 的蓝绿色或天蓝色棉纸条，用漂白液浸染（第 8 页）

单一花蕊材料

- 10 根黑色双头花蕊，剪成两半
- 20 根 5 cm 长的 22 号铁丝

叶子材料

- 48 cm × 63.5 cm 的绿色康颂卡纸
- 10 张 1.2 cm × 5 cm 的浅绿色棉纸
- 10 根 10 cm 长的 20 号铁丝，用绿色花艺胶带缠好
- 热熔胶枪
- 热熔胶棒

制作步骤

1. 准备材料（A）：复印或描出第 177 页的葡萄风信子花瓣模板，然后剪下来。把做花瓣用的棉纸条剪成 20 张 5 cm×5 cm 的纸片，然后分成 4 摞，每摞 5 张。把花瓣模板放在一摞纸片上并描出轮廓，沿轮廓剪下来，但顶边暂时不剪，然后用圆弧花边剪刀把顶边剪成弧形。这样就剪出了 5 片花瓣。最好使用圆弧花边剪刀，因为它可以剪出边缘整齐的花瓣。重复以上步骤，共剪出 20 片花瓣。

复印或描出第 177 页的葡萄风信子叶子模板，然后剪下来。在绿色康颂卡纸上描出 10 片大小不一的叶子的轮廓，把它们剪下来，并折出折痕。按照第 22 页的说明制作好叶子枝干。

按照第 18 页的说明，用 20 根 5 cm 长的 22 号铁丝和单头花蕊做 20 个单一花蕊。

2. 制作花朵：找一支标准铅笔，把花蕊放在距离铅笔末端 1.2 cm 的位置，花蕊头部方向与笔尖方向一致（B）。把花瓣的弧形边朝向笔尖方向，放在距离铅笔末端 1.2 cm 处。用花瓣把铅笔包起来，包住花蕊，然后把超出铅笔的部分花瓣拧起来（C）。轻轻地把花瓣从铅笔上拿下来，用胶带将拧住的花瓣底部粘到 5 cm 长的花蕊铁丝上，把胶带缠至花瓣底部下方 2.5 cm 处（D）。重复以上步骤，处理剩余花蕊和花瓣，总共做 20 朵花。

3. 组装花朵：取 3 朵花，将花朵底部下方 2.5 cm 处轻轻掰弯，使花朵在后续制作过程中不会相互接触（或挤压）。在花朵下方 2.5 cm 处把花朵粘在一起，并把胶带向下缠 2.5 cm（E）。取 3 朵花，折弯枝干，然后把它们固定在第一排花朵下方 2.5 cm 处，形成第二排。取 4 朵花，折弯枝干，把它们固定在第二排花朵下方 1.2 cm 处，形成第三排。在此处添加一根加固铁丝，把加固铁丝的顶端插入胶带的缝隙中（F）。用花艺胶带把加固铁丝粘到已有枝干上，缠绕胶带至枝干底部。再取 3 朵花，折弯后固定在第三排花朵下方 2.5 cm 处，用胶带粘好，并向下缠绕 2.5 cm，形成第四排。重复以上步骤，再取 4 朵花做成第五排；再取 3 朵花，重复以上步骤做成第六排，也就是最后一排。从最后一排开始，把每朵花都向下掰弯，使其与主干平行，呈悬垂状（G）。

4. 组装叶子：把 2 片叶子横放在闭合剪刀的刀背上轻拉，使叶子轻微卷曲（H）。把 3 片不卷曲的叶子放在花朵后面，固定在最后一排花朵下方大约 10 cm 处，用花艺胶带粘好，把胶带从叶子下方向下缠绕 5 cm（I）。在主干两侧各放一片卷曲的叶子，固定在第一组叶子下方，并用花艺胶带粘好，从叶子下方向下缠绕 5 cm。把剩余的叶子粘到主干上，每片间隔 1.2 cm。调整叶子的角度和位置，把每片叶子的底部轻轻掰弯。用钳子把主干修剪到理想长度。使花头朝下，用花艺胶带包住修剪后的主干末端。

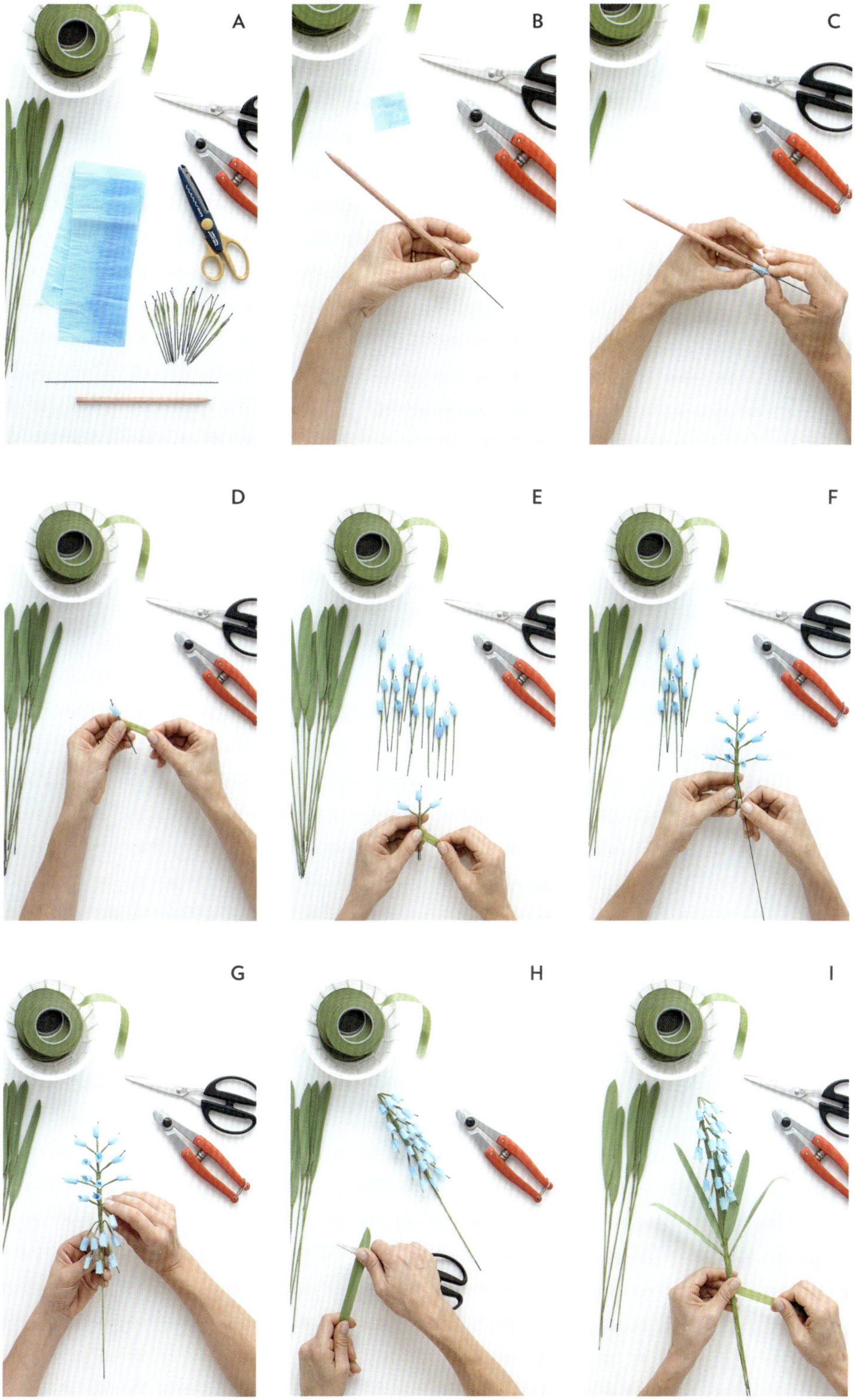
A
B
C
D
E
F
G
H
I

昙花

这种充满异国情调的花只在夜里开放，而且具有奇妙浓郁的香味。小时候，我父亲使昙花沿一定方向生长，让它们爬上了我家的灰泥墙。在温暖的夜里，我们会在室外吃晚饭，享受这种花的甜美香气。我用纸制作的昙花是一种出人意料的植物，在制作的过程中，我把昙花的肉质茎做成了叶子状。

成品尺寸

大约 40.5 cm

通用材料和工具

- 中号剪刀
- 绿色花艺胶带
- 钳子
- 多层剪刀（可选）

花瓣材料

- 10 cm × 50 cm 的艳粉色棉纸条，用漂白液浸染（第 8 页）
- 25 cm × 125 cm 的橙红色双层皱纹纸

瓶刷形花心材料

- 4 根粉色双头花蕊
- 50 cm × 244 cm 的浅黄色优质皱纹纸
- 46 cm 长的 18 号铁丝，用花艺胶带缠好

叶子材料

- 48 cm × 63.5 cm 的绿色康颂卡纸
- 热熔胶枪
- 热熔胶棒

制作步骤

1. 准备材料：复印或描出第 169 页的昙花内层花瓣和外层花瓣的模板，然后剪下来。把艳粉色棉纸条剪成 8 张 10 cm×12 cm 的纸片，并把它们分成 2 摞，每摞 4 张。把内层花瓣模板放在一摞棉纸上，花瓣模板的顶端朝向漂白的一边。在棉纸上描出花瓣模板的轮廓，然后剪下 4 片连续型花瓣。重复以上步骤，剪下 8 片连续型花瓣。

把橙红色皱纹纸剪成一张 12 cm×30.5 cm 的纸条，在上面描出 7 片外层花瓣的轮廓，皱纹纸的纹理要与花瓣模板的长边在同一个方向上，然后剪下花瓣。

按照第 17 页的说明制作一个瓶刷形花心，这里用到 4 根粉色双头花蕊，而不是 2 根，而且要用 2.5 cm×15 cm 的浅黄色优质皱纹纸代替浅黄色棉纸。在剪出流苏花边之前不要纵向折叠皱纹纸。

复印或描出第 169 页的昙花叶子模板，然后剪下来。把康颂卡纸剪成一张 25 cm×25 cm 的纸片，并对折。

2. 组装花朵：在光滑平整的桌面上轻轻地用指尖把连续型花瓣的底边捏起来，使花瓣呈扇形（A）。调整花瓣边缘的位置，使花瓣均匀分布，底部稍微重叠。把捏起来的底部抵在瓶刷形花心的底部，用花艺胶带把花瓣粘到花心上（B）。重复以上步骤，处理剩余的连续型花瓣，把它们均匀地粘到花心周围，做成精美而丰满的圆形花朵。

捏起橙红色皱纹纸花瓣的底部（C）。把皱纹纸花瓣放在艳粉色花瓣下面，确保皱纹纸花瓣的顶端超出艳粉色花瓣的顶端 1.2 cm。用花艺胶带把捏起来的一端固定到枝干上，并向下缠绕胶带至花朵底部下方 2.5 cm 处。重复以上步骤，处理剩余的皱纹纸花瓣，每次粘一片花瓣，粘贴时花瓣底部边缘重叠 1.2 cm，并注意一定要使花瓣分布均匀（D）。粘贴每片花瓣时，都将胶带缠绕至花朵下方 2.5 cm 处。

3. 组装枝干：在康颂卡纸的中线下方涂一条热熔胶（E），然后对折，使卡纸反面相对，把两侧粘起来。沿叶子模板在长方形卡纸上描出轮廓。放模板时，要使热熔胶位于叶子中心以左 1.2 cm 处，然后把叶子剪下来。把铁丝夹到双层叶子中间，之前涂上的热熔胶位于铁丝左侧。沿着铁丝压折卡纸，折出叶脉。在铁丝右侧涂一条热熔胶，把叶子粘起来（F）。把双层叶子压紧，然后用钳子在叶子底部下方 10 cm 处将铁丝剪断，并用花艺胶带包住铁丝末端。

A
B
C
D
E
F

罂粟花

这种花做起来非常快，我曾经一天做了 200 多朵，制作了一个大花环，用来装点在白宫举行的国宴。这种花用途广泛，是我喜爱它的一个理由。罂粟花的美丽可以通过任何颜色的组合来表现，可以做成单枝花朵、花束或含苞待放的样子。尽情发挥你的想象力吧——这是最容易做的花之一。

成品尺寸

约 35.5 cm

通用材料和工具

- 中号剪刀
- 绿色花艺胶带
- 多层剪刀（可选）
- 钳子

花瓣材料

- 4 张 7.5 cm × 50 cm 的橙色棉纸条，用漂白液浸染（第 8 页），或者用西瓜红色棉纸条，用漂白液扎染（第 9 页）

罂粟花心材料

- 安全棉签
- 50 cm × 76 cm 的浅黄色棉纸
- 50 cm × 152 cm 的浅黄色优质皱纹纸
- 23 cm 长的 18 号铁丝，用花艺胶带缠好

叶子材料

- 48 cm × 63.5 cm 的绿色康颂卡纸
- 2 张 1.2 cm × 5 cm 的浅绿色棉纸
- 2 根 10 cm 长的 20 号铁丝，用花艺胶带缠好
- 热熔胶枪
- 热熔胶棒

制作步骤

1. 准备材料：要想做出柔软有褶的花瓣，需要把 2 张漂白过的棉纸条叠放在一起，形成双层棉纸。然后把棉纸的短边放在手掌上，慢慢将棉纸捏起来，将棉纸折出褶子（A）。一定要保证褶子是直的——不要把棉纸捏成球。重复以上步骤，处理剩余的棉纸条，然后把棉纸条展开，并将 2 张棉纸条分开。

在光滑平整的桌面上轻轻地用指尖把棉纸捏起来，折出褶子，然后用手压紧（B）。松开之后，棉纸上应出现松散的风琴褶。

复印或描出第 177 页的罂粟叶子模板，然后剪下来。在绿色康颂卡纸上描出 2 片叶子的轮廓，把它们剪下来，并折出折痕。按照第 22 页的说明制作叶子枝干。

按照第 17 页的说明制作罂粟花心。

2. 制作花朵：取一片花瓣，把未漂白的一边捏起来，使花瓣呈扇形。把捏起来的部分放在罂粟花心下方，使花瓣半包住花心。用花艺胶带粘好花瓣，并沿枝干把胶带向下缠绕约 2.5 cm（C）。再取一片花瓣，与第一片花瓣首尾相接，边缘重叠 1.2 cm，包住花心的另外一侧，然后用花艺胶带把底部粘好（D）。重复以上步骤，处理剩余的花瓣，与前面的花瓣交错放置。用手掌轻压花瓣，使花瓣张开（E），使花朵呈圆形。

3. 组装枝干：将花朵底部折 60°，把一片叶子的枝干与花朵枝干并在一起，使叶子位于花朵底部下方 2.5 cm 处，用花艺胶带把叶子枝干和花朵枝干粘在一起。重复以上步骤，粘上第二片叶子，使其与第一片相对，位于第一片叶子下方 5 cm 处（F）。

把叶子稍微向前折弯，然后使花头朝下，用花艺胶带包住修剪过的枝干末端。

A
B
C
D
E
F

花毛茛

最近，我在花市上看到许多花毛茛的新品种，有的花瓣稀少，有的花朵饱满，有的花瓣厚实，几乎成了肉质花瓣。花毛茛的色彩、形态多样，非常适合用纸来制作。花毛茛的花朵可以硕大而饱满，也可以小巧而花瓣稀疏，这取决于所用花瓣的数量。图中展示的这一种，我用水粉颜料在花瓣上彩绘。多做几朵，改变花瓣的大小和数量，你可以做出精美的作品。

成品尺寸

大约 43 cm

通用材料和工具

- 中号剪刀
- 绿色花艺胶带
- 钳子
- 多层剪刀（可选）

花瓣材料

- 9 张 7.5 cm × 50 cm 的金黄色棉纸条，用漂白液浸染，并画上花纹（第 8 页和第 9 页）
- 水粉颜料
- 画笔

小号蓬蓬花心材料

- 50 cm × 250 cm 的浅黄色优质皱纹纸
- 23 cm 长的 20 号铁丝，用花艺胶带缠好

中号花蕾球材料

- 50 cm × 76 cm 的浅绿色棉纸条
- 23 cm 长的 20 号铁丝，用花艺胶带缠好

叶子材料

- 48 cm × 63.5 cm 的绿色康颂卡纸
- 3 根 23 cm 长的 20 号铁丝，用花艺胶带缠好
- 3 张 1.2 cm × 5 cm 的浅绿色棉纸
- 热熔胶枪
- 热熔胶棒

制作步骤

1. 准备材料（A）：复印或描出第 176 页的花毛茛花瓣模板，然后剪下来。把画好花纹的金黄色棉纸条剪成 80 张 5 cm×7.5 cm 的纸片，分成 10 摞，每摞 8 张。把花瓣模板放在一摞纸片上，花瓣模板的顶端朝向漂白的一边。在纸片上沿模板描出花瓣轮廓，剪下 8 片花瓣。重复以上步骤，处理剩余的纸片，总共剪下 80 片花瓣。留 2 片花瓣做花蕾球。

按照第 16 页的说明制作一个小号蓬蓬花心。

复印或描出第 176 页的花毛茛 / 日本银莲花叶子模板，然后剪下来。在绿色康颂卡纸上描出 1 片小号叶子和 2 片大号叶子的轮廓，把它们剪下来，并折出折痕。按照第 22 页的说明制作叶子枝干。

2. 制作花瓣组：把 3 片花瓣摞成一摞，然后依次错开 0.3 cm，使其呈扇形，做成一组花瓣。用闭合的剪刀的刀背为 2 组花瓣的顶部边缘塑形（B）。把花瓣整出凹面，折出褶子（第 20 页）。褶子应该从花瓣底部延伸到距离花瓣顶部 1.2 cm 处。褶子底部宽约 0.6 cm（C）。重复以上步骤，处理剩余的花瓣，总共做 26 组每组 3 片的花瓣组。分别把每组花瓣的底部捏起来。

3. 组装花蕾：把留出的那 2 片花瓣底部剪掉 2.5 cm，然后用一片花瓣完全包住花蕾球，使花瓣高出花蕾球 1.2 cm。用花艺胶带把花瓣粘在花蕾球底部，缠绕固定（D），继续向下缠绕胶带至把花瓣全部盖住。然后把第二片花瓣固定在与第一片花瓣相对的位置，用花艺胶带将其粘在花蕾球底部。

把小号叶子的枝干和花蕾的枝干并在一起，使叶子位于花蕾底部下方 7.5 cm 处，用花艺胶带粘好，向下缠绕胶带至枝干末端。将花蕾球底部折 30°（E）。

4. 组装花朵：我喜欢随意排列花瓣，把卷曲的花瓣组粘到蓬蓬花心上，用的胶带越少越好，然后调整花瓣，使其包在花心周围（F）。胶带绕铁丝缠绕 2 圈，至花朵底部下方 1.2 cm 处。把第二组卷曲的花瓣放在第一组对面，用花艺胶带粘好，然后逐一粘贴剩余的花瓣组，渐渐组成一朵饱满的圆形花朵，最后抖一抖，使花朵开放。

5. 组装枝干：将花朵底部折 30°（G）。把花蕾枝干上的叶子放在花朵最外层花瓣的旁边，把花蕾枝干和花朵枝干并在一起，在花朵下方 10 cm 处和花蕾叶子下方 15 cm 处开始向下缠绕胶带（H），直至枝干末端。

把一片大号叶子放在花蕾枝干和花朵枝干交汇处，与花蕾枝干相对，把枝干并在一起，用花艺胶带粘好，并把胶带从叶子底部向下缠绕 2.5 cm。把另一片大号叶子放在第一片叶子下方 2.5 cm 处，与第一片大号叶子相对，并用花艺胶带粘好，并继续向下缠胶带至枝干末端。将每片叶子的底部向前折 60°（I）。用钳子把枝干修剪到理想长度，然后使花头朝下，用花艺胶带缠好枝干末端。

春日银莲花

每当我想到野外的银莲花时，我总是想象着在清新的春日里，阿尔卑斯山的山坡上都是它的身影。这种精美的纸艺花非常引人注目——它只有一片向上翻的叶子，更衬托出花朵的娇美。银莲花外表清丽，是一种绝佳的搭配元素，适用于许多花艺作品——时尚的花束、质朴的盆栽和令人瞩目的花冠都可以使用它。幸运的是，这种花做起来又快又简单。

成品尺寸

大约 28 cm

通用材料和工具

- 中号剪刀
- 绿色花艺胶带
- 多层剪刀（可选）
- 钳子

花瓣材料

- 5 张 7.5 cm × 50 cm 的珊瑚色棉纸条，用漂白液浸染（第 8 页）

罂粟花心材料

- 安全棉签
- 50 cm × 76 cm 的黑色棉纸
- 50 cm × 152 cm 的黑色优质皱纹纸
- 23 cm 长的 18 号铁丝，用花艺胶带缠好

叶子材料

- 48 cm × 63.5 cm 的绿色康颂卡纸

制作步骤

1. 准备材料：复印或描出第 168 页的山茶花 / 春日银莲花花瓣模板，然后剪下来。把珊瑚色棉纸条剪成 36 张 5 cm×7.5 cm 的纸片，分成 6 摞，每摞 6 张。把花瓣模板放在一摞纸片上，使花瓣模板顶端与漂白过的一边在同一个方向上。在纸片上描出模板的轮廓，剪下 6 片花瓣。重复以上步骤，处理剩余的纸片，共剪下 36 片花瓣。

按照第 17 页的说明制作一个罂粟花心。

复印或描出第 168 页的春日银莲花叶子模板，然后剪下来。在绿色康颂卡纸上描出一片叶子的轮廓，并把它剪下来，然后在叶子中间用剪刀小心地扎一个小洞。

2. 给花瓣塑形及粘贴花瓣：把 4 片花瓣叠放在一起，然后依次错开 0.3 cm，展开成扇形，这就是一组花瓣（A）。把一组花瓣做出褶子，调整出凹面（第 20 页）。褶子应该从花瓣底部延伸至距离花瓣顶部 1.2 cm 处（B）。褶子的底部宽约 0.6 cm（C）。轻轻地分别把每组花瓣的底部捏起来，调整出凹面（D）。重复以上步骤，处理剩余的花瓣。总共做 9 组花瓣。

3. 组装花朵：跟其他花的花瓣一片紧挨着一片粘在花心周围不同，银莲花的每组花瓣几乎都是随意粘上去的。把一组花瓣的底部放在罂粟花心的底部，用花艺胶带粘好，并从花瓣和花心接触的地方向下缠 2 圈胶带，直到完全盖住花瓣（E）。用同样的方法在罂粟花心左边粘第 2 组花瓣（F）。继续在合适的位置把其余花瓣都粘上，直到花朵呈圆形。轻轻地把花瓣捻开，使花朵看起来更自然逼真。

4. 组装枝干：把叶子放在花朵底部下方 2.5 cm 处。确保叶子边缘都朝向枝干下方（G）。用花艺胶带把叶子粘好，确保叶子的中心朝枝干下方凸起（H）。在叶子底部把枝干折 30°（I）。将整个枝干都缠上花艺胶带。用钳子在叶子下方 17 cm 处将枝干剪断，然后使花头朝下，用花艺胶带缠好枝干末端。

A

B

C

D

E

F

G

H

I

香豌豆

与本书中的其他花不同，香豌豆的藤蔓不是围着一个中心生长的。它的薄如蝉翼的花瓣是用一层平整轻薄的胶带粘起来的，精美的花枝由花朵和卷须组成。这种花的花朵看起来简单，做起来却并不容易。作品整体看起来复杂而精致。

成品尺寸

大约 33 cm

通用材料和工具

- 中号剪刀
- 绿色花艺胶带
- 钳子
- 46 cm 长的 20 号铁丝，用花艺胶带缠好，用来加固枝干

花瓣材料

- 2 张 7.5 cm × 50 cm 的紫红色或粉红色棉纸条，用水浸湿后晾干（第 8 页）
- 2 张 7.5 cm × 50 cm 的粉红色或红色棉纸条，用漂白液浸染（第 8 页）
- 5 根 7.5 cm 长的 22 号铁丝，用花艺胶带缠好

叶子材料

- 48 cm × 63.5 cm 的绿色康颂卡纸
- 4 张 2.5 cm × 5 cm 的浅绿色棉纸
- 6 根 23 cm 长的 20 号铁丝，用花艺胶带缠好
- 热熔胶枪
- 热熔胶棒
- 直径 1.2 cm 的芯轴，或相同直径的画笔

制作步骤

1. 准备材料：复印或描出第 178 页的香豌豆花瓣模板，然后剪下来。把紫红色或粉红色棉纸条剪成 5 张 7.5 cm × 15 cm 的纸片，摞成一摞。把模板放在摞好的棉纸上，使花瓣模板的顶端与漂白的一边在同一个方向上。在棉纸片上描出花瓣的轮廓，剪下 5 片花瓣。重复以上步骤，处理粉红色或红色棉纸条。

复印或描出第 178 页的香豌豆叶子模板，然后剪下来。在绿色康颂卡纸上描出 4 片叶子的轮廓，并把它们剪下来。按照第 22 页的说明制作带叶子的枝干。

2. 制作花朵：把一片粉红色花瓣放在一片紫红色花瓣上，形成双层花瓣，然后对折，得到一组 4 层花瓣。轻捏花瓣底部（A）。捏住花瓣底部把花瓣对折，使外边缘合在一起，使花朵呈圆形（B）。用绿色花艺胶带把捏好的花瓣底部粘在 7.5 cm 长的铁丝上。把胶带向下缠绕至花瓣下方 5 cm 处（C）。重复以上步骤，处理其余花瓣和铁丝，总共做 5 朵花。轻轻地把多层花瓣捻开，使花朵开放。使第一朵花张开的幅度小一些，使第二朵花张开的幅度大一些，照此类推，使花朵从上到下含苞待

放到完全盛开的状态。

3. 粘贴花朵：自上而下，花朵的开得越来越大。把第一朵花和第二朵花用胶带捆扎在一起，使第二朵花位于第一朵花下方 2.5 cm 处，在第二朵花下方缠绕胶带约 2.5 cm。将第一朵花底部下方 2.5 cm 处的枝干轻轻地向前弯折，然后在第二朵花与枝干的连接处下方 2.5 cm 处粘第三朵花，用花艺胶带把花粘好，并把胶带向下缠绕 2.5 cm（D）。

要把一根 46 cm 长的加固铁丝添加到已有枝干中。在用胶带缠绕之前的枝干时，枝干与枝干之间会产生空隙，把加固铁丝的顶端插进粘贴第三朵花时产生的空隙中，然后用花艺胶带把加固铁丝和已有枝干缠在一起，并用胶带把整个枝干缠好。

按上述步骤添加第四朵花和第五朵花。最后沿枝干把胶带向下缠绕 7.5 cm。把枝干弯成优雅的弧形，如果整体看起来过于呆板或过于统一，可以调整一下花朵之间的间隔和每朵花的角度。

4. 粘贴叶子和卷须：制作卷须时，把一根 23 cm 长的铁丝从距顶端 5 cm 处开始缠绕芯轴或画笔笔杆上（F），把铁丝的末端折进倒数第二个圈里，稍稍拉松线圈，然后把卷须折成弧形（G）。重复以上步骤，再制作一根卷须。

把一根卷须和一片叶子的枝干并在一起，使卷须位于叶子底部下方 1.2 cm 处，并将卷须折 60°。用花艺胶带把卷须粘好，并继续向下缠胶带，把整个枝干缠好。重复以上步骤，再制作一根叶子－卷须枝干，并在第一片叶子下方 5 cm 处再添加一片叶子（H）。把单叶子枝干的叶子底部下方 2.5 cm 处的枝干折 60°，把双叶子枝干的第二片叶子下方 2.5 cm 处的枝干折 60°。

5. 组装枝干：把双叶子枝干和花朵枝干并在一起，使叶子枝干弯折处位于最下面那朵花下方 5 cm 处。用花艺胶带把枝干粘在一起，并向下缠胶带至枝干末端（I）。

把单叶子枝干的直立部分和花朵枝干并在一起，使枝干弯折处位于前一根叶子枝干下方 4 cm 处。用花艺胶带把枝干粘在一起，并向下缠胶带至枝干末端。

把最后一根没有卷须的叶子枝干放在单叶子枝干和花朵枝干的汇合处，把叶子枝干向前折 60°，并用花艺胶带把叶子粘好，向下缠绕胶带至枝干末端。用钳子在最下面对的叶子的下方 10 cm 处把枝干剪断，使花头朝下，并用花艺胶带把枝干末端缠好。

A
B
C
D
E
F
G
H
I

虎皮百合

虎皮百合是这本书中最高的花之一，在我心中占据着很特殊的位置。小时候，我在南加利福尼亚州的山里发现了一个秘密山谷，那里开满了 120 ~ 150 cm 高的虎皮百合，它们是那样出人意料，那样繁茂，那样喜人！我必须用纸把它们的美表现出来。事实上，如果我筹备自己的婚礼，我会用这种长长的优美的花代替手捧花。与制作技巧相比，制作这种花更需要毅力，但最后的成果是无价的。

成品尺寸

大约 99 cm

通用材料和工具

- 中号剪刀

- 3 个酒瓶，把商标撕掉
- 绿色花艺胶带
- 钳子
- 5 根 46 cm 长的 16 号铁丝，用花艺胶带缠好，用来加固枝干
- 热熔胶枪
- 热熔胶棒

花瓣和花蕾材料

- 2 张 12 cm × 23 cm 的橘色 / 深橘色双层皱纹纸
- 3 张 7.5 cm × 12 cm 的橘色 / 深橘色双层皱纹纸，沿纹理裁剪
- 6 张 7.5 cm × 50 cm 的橘色棉纸条
- 3 根 46 cm 长的 18 号铁丝，用花艺胶带缠好

瓶刷形花心材料

- 3 张 5 cm × 12 cm 的紫红色棉纸条
- 5 根粉色双头花蕊
- 3 根 46 cm 长的 18 号铁丝，用花艺胶带缠好

叶子材料

- 48 cm × 63.5 cm 的绿色康颂卡纸
- 30 张 1.2 cm × 5 cm 的浅绿色棉纸
- 30 根 10 cm 长的 20 号铁丝，用花艺胶带缠好

制作步骤

1. 准备材料：复印或描出第 179 页的虎皮百合 / 睡莲外层花瓣模板，然后剪下来。把 2 张 12 cm×23 cm 的橘色 / 深橘色双层皱纹纸剪成 18 张 2.5 cm×12 cm 的纸片。把花瓣模板放在一张皱纹纸上，确保皱纹纸的纹理与模板长边在同一个方向上，一共剪出 18 片花瓣。

为了使花瓣呈弧形，可以把花瓣浸入冷水中并快速取出，然后放在酒瓶上（A）。皱纹纸会褪色，因此，不必在意正反面。重复以上步骤，把 18 片花瓣都放在酒瓶上做成弧形。花瓣需要 1.5～2 小时才能干透，干透后很容易从瓶身上取下来。

在等待花瓣晾干的时候，可以按照第 17 页的说明制作瓶刷形花心。

复印或描出第 178 页的虎皮百合叶子模板，然后剪下来。在绿色康颂卡纸上描出 30 片叶子的轮廓，把它们剪下来，并折出折痕。按照第 22 页的说明制作叶子枝干。用闭合的剪刀的刀背为 10 片叶子塑形，使距叶子尖端的 5 cm 的部分微微卷曲。

2. 制作花蕾：把 2 张 7.5 cm×50 cm 的橘色棉纸条叠放在一起，然后把棉纸纵向卷起来，把一根 46 cm 长的铁丝插入纸卷约 2.5 cm，然后把铁丝周围的纸卷捏紧，将纸卷当成花蕾中心，用花艺胶带把花蕾中心粘好（B）。用一张 7.5 cm×12 cm 的橘色/深橘色皱纹纸把花蕾中心包起来，深橘色的一面朝外，确保皱纹纸的纹理是纵向的，在底部 1.2 cm 处用花艺胶带把皱纹纸固定到铁丝上，然后用手指把花蕾顶部拧起来（C）。接着把拧起来的这一端打开，在纸的边缘涂一点儿热熔胶，重新拧紧，保持约 20 秒，直到热熔胶凝固（D）。重复以上步骤，总共做 3 个花蕾。

3. 制作花朵：捏住一片花瓣的底部，用花艺胶带将其粘到瓶刷形花心上（E），向下缠绕胶带至花心底部下方约 2.5 cm 处。重复以上步骤，再粘上 5 片花瓣，使所有花瓣均匀分布（F）。重复以上步骤，用剩余的瓶刷形花心和 12 片花瓣再做 2 朵花。

4. 组装枝干：握住 3 枝花蕾，使它们的顶端一样高，枝干并齐，然后在花蕾底部下方 2.5 cm 处用花艺胶带把枝干粘在一起。选 3 片叶子，将叶子底部折 60°，使 3 片叶子彼此相对，放在花蕾枝干周围，并将枝干并在一起，使叶子位于花蕾下方 5 cm 处。用花艺胶带把叶子枝干粘到花蕾枝干上，并把胶带从叶子底部向下缠绕大约 12 cm。

在每朵花的底部下方 5 cm 处将枝干折 45°，然后使 3 朵花均匀分布在叶子底部下方 4 cm 处，使 3 朵花朝向不同的方向，然后用花艺胶带将花朵固定到花蕾枝干上（G），并把胶带沿枝干向下缠绕约 12 cm。

直叶子和弯叶子一共选 3 片，放在花朵底部下方 7.5 cm 处，使叶子彼此相对，并用花艺胶带粘好，从叶子底部向下缠胶带，约缠绕 12 cm。重复以上步骤，每隔 5 cm 粘 3 片叶子，一共粘 3 组。注意，每组叶子都要包含直叶子和弯叶子。

在现有的主干中插入一根 46 cm 长的加固铁丝（H）。粘贴之前的枝干时会出现空隙，把加固铁丝插入这个空隙中即可，如果有多个空隙，就插入最大的空隙中。用花艺胶带把加固铁丝固定好，向下缠绕胶带至包住整个枝干。

在第五组叶子下方 5 cm 处粘贴第 6 组叶子。重复以上步骤，添加第二根加固铁丝。粘贴第七组、第八组和第九组叶子，每组叶子粘贴好后都要添加一根加固铁丝。注意，每组叶子都要包含直叶子和弯叶子。

用钳子在最后一组叶子下方 28 cm 处剪断枝干。使花头朝下，用花艺胶带包住枝干末端。自下而上依次将每片叶子底部折 60°，再将每朵花的枝干折 30°，使花朵头朝下（I）。轻轻地把顶部的花蕾分开。确保叶子和花朵没有歪在一边、缠在一起或互相挡着，保证各个部分都有足够的空间，让花朵开得很大，看起来栩栩如生。

A
B
C
D
E
F
G
H
I

牡丹

冬天的时候，我们在里弗代尔买了一间农舍，那时花园中白雪皑皑。到了春天，我才第一次见到硕大丰满而又娇贵的牡丹花。牡丹花的每片花瓣都像被泼上了深紫红色的颜料，而我在制作美丽的牡丹花时也确实这么做了。在我第一次用纸做牡丹花时，我本打算把花瓣一片一片地粘上，但是我最终发现把两片花瓣叠放在一起能使花朵更丰满自然，看起来又漂亮（而且很受人欢迎）又逼真。

成品尺寸

大约 38 cm

通用材料和工具

- 中号剪刀
- 圆弧花边剪刀（可选）
- 钳子
- 绿色花艺胶带
- 多层剪刀（可选）

花瓣材料

- 6 张 10 cm × 50 cm 的紫红色、黄色或玫红色棉纸条，用漂白液浸染（第 8 页）
- 紫红色水粉颜料（可选）
- 画笔（可选）

中号蓬蓬花心材料

- 50 cm × 76 cm 的金黄色棉纸条
- 23 cm 长的 18 号铁丝，用花艺胶带缠好

叶子材料

- 48 cm × 63.5 cm 的绿色康颂卡纸
- 2 根 23 cm 长的 20 号铁丝，用花艺胶带缠好
- 2 张 1.2 cm × 5 cm 的浅绿色棉纸
- 热熔胶枪
- 热熔胶棒

制作步骤

1. 准备材料：复印或描出第 178 页的牡丹花瓣模板，然后剪下来。把做花瓣用的棉纸条剪成 36 张 7.5 cm×10 cm 的纸片，把这些纸片分成 6 摞，每摞 6 张。把花瓣模板放在一摞纸片上，使花瓣模板的顶部朝向漂白的一边。在纸片上描出花瓣轮廓，然后沿轮廓剪下花瓣，先不要剪纸片的顶边，最后再在花瓣顶部剪出弧形花边，剪下 6 片花瓣。你可以用圆弧花边剪刀剪花瓣顶部，这样可以节省很多时间，而且剪出的花边整齐。重复以上步骤，共剪下 36 片花瓣。

按照第 16 页的说明制作一个中号蓬蓬花心。

复印或描出第 178 页的牡丹叶子模板，然后剪下来。在绿色康颂卡纸上描出一片中号叶子和一片小号叶子的轮廓，然后剪下来，并折出折痕。按照第 22 页的说明制作一根中号叶子枝干和一根小号叶子枝干。

2. 给花瓣上色（可选）：把 2 片花瓣叠放在一起，然后错开 0.6 cm，使其呈扇形，做成一组双层花瓣。从距离花瓣顶部 4 cm 处向花瓣底部画一条宽宽的紫红色花纹。重复以上步骤，画好 18 组双层花瓣，并将其晾干。

3. 为双层花瓣塑形：把双层花瓣调整出凹面，并做出褶子（第 20 页）。褶子应该从底部延伸到距离花瓣顶端 1.2 cm 处（A）。褶子的底部大约宽 0.6 cm（B）。重复以上步骤，总共为 18 组双层花瓣塑形。

4. 制作花朵：把一组双层花瓣的底部抵在蓬蓬花心的底部，并用花艺胶带粘好，将花艺胶带向下缠绕至花瓣底部下方大约 2.5 cm 处（C）。在第一组花瓣旁边粘上第二组花瓣，第二组的位置比第一组稍微低一些，花瓣边缘约重叠 1.2 cm，花瓣呈辐射状。在底部用花艺胶带粘好。重复以上步骤，处理剩余的双层花瓣，每组花瓣底部都用花艺胶带粘好，花瓣要把蓬蓬花心包起来。俯视花朵时，可以看出花瓣呈螺旋状（D）。在添加最后一组双层花瓣时，一定要确保整朵花呈圆形。抖一抖，使花朵展开，按照需要调整花瓣，使花朵看起来栩栩如生。最后，将花朵底部折 60°（E）。

5. 组装枝干：把每片叶子底部折 60° 。把小号叶子的枝干和花朵枝干并在一起，使叶子位于花朵下方 5 cm 处。用花艺胶带把叶子枝干和花朵枝干粘在一起，把胶带从叶子底部向下缠绕 5 cm。重复以上步骤，把大号叶子的枝干也粘到花朵枝干上。使 2 片叶子相对，大号叶子位于小号叶子下方 5 cm 处，然后用花艺胶带包住整个枝干（F）。用钳子在大号叶子下方 10 cm 处将枝干剪断。使花头朝下，用花艺胶带包住枝干末端。

A

B

C

D

E

F

睡莲

对我而言，睡莲是如此与众不同——清新、完美、瑰丽而又娇贵。睡莲在热带气候中可以毫不费力地生长，但是在我生活的纽约，种植这种精致的植物却要下一番苦功夫。用纸制作这种富有异国情调的花并不是一件难事，而且它们在许多作品中都十分抢眼。睡莲由3种不同的花瓣组成——2种是用棉纸做的，1种是用皱纹纸做的——制作材料都很容易驾驭。

成品尺寸

大约23 cm

通用材料和工具

- 中号剪刀
- 多层剪刀（可选）
- 绿色花艺胶带
- 钳子

花瓣材料

- 3张10 cm × 50 cm的粉色或裸色棉纸条，用漂白液浸染（第8页）
- 2张10 cm × 50 cm的珊瑚色或桃红色棉纸条，用漂白液浸染（第8页）
- 25 cm × 124 cm的橙红色 / 玫瑰色或苔藓绿色双层皱纹纸

花心材料

- 一棵风干的小莲蓬（第180页）
- 5 cm × 38 cm的桃红色 / 黄色双层皱纹纸
- 23 cm长的18号铁丝，用花艺胶带缠好
- 黄色丙烯颜料
- 画笔

叶子材料

- 48 cm × 63.5 cm的绿色康颂卡纸
- 2张1.2 cm × 5 cm的浅绿色棉纸
- 2根23 cm长的18号铁丝，用花艺胶带缠好
- 热熔胶枪
- 热熔胶棒

制作步骤

1. 准备材料：复印或描出第 179 页的虎皮百合 / 睡莲外层花瓣模板，然后剪下来。把粉色或裸色棉纸条剪成 8 张 10 cm×15 cm 的纸片，把这些纸片分成 2 摞，每摞 4 张。把内层花瓣模板放在一摞纸片上，花瓣模板顶端朝向漂白的一边。在纸片上描出花瓣轮廓，沿轮廓剪下 4 片花瓣。重复以上步骤，处理另一摞纸片。总共剪下 8 片花瓣。重复以上步骤，处理珊瑚色或桃红色棉纸条，剪下 8 片内层花瓣。把橙红色 / 玫瑰色或苔藓绿色的双层皱纹纸剪成 9 张 2.5 cm×15 cm 的纸片，沿外层花瓣模板在纸片上描出轮廓，然后剪下 9 片外层花瓣。注意，花瓣模板的方向要与皱纹纸的纹理方向一致。

用热熔胶枪把风干的莲蓬粘在 23 cm 长的铁丝上，把莲蓬涂成黄色，然后放在旁边晾 30 分钟。晾干之后，用花艺胶带把莲蓬底部粘牢，并向下缠绕胶带，把整个枝干都包起来。在桃红色 / 黄色双层皱纹纸的一边剪出 2.5 cm 长的流苏花边，然后把另一边捏起来（A），并把它包在莲蓬周围，使流苏花边高出莲蓬大约 1.2 cm。用花艺胶带把皱纹纸底部粘到枝干上，把胶带向下缠绕 5 cm（B）。

复印或描出第 179 页的睡莲叶子模板，然后剪下来。在绿色康颂卡纸上描出 2 片中号叶子的轮廓，剪下来，并折出折痕，按照第 22 页的说明制作叶子枝干。

2. 给连续型花瓣塑形：在光滑平整的桌面上轻轻地把粉色连续型花瓣的底边捏起来，使花瓣呈扇形（C）。调整花瓣顶部，使连续型花瓣上的每片花瓣均匀分布，底部稍微重叠。把连续型花瓣捏起来的底部抵在莲蓬花心底部，用花艺胶带粘好（D）。重复以上步骤，处理剩余花瓣，把它们都包在莲蓬花心周围，做成一朵饱满的圆形花朵（E）。

重复以上步骤，处理 8 片珊瑚色连续型花瓣，把它们放在粉色花瓣下面，使花瓣均匀分布，底部稍微重叠。

把外层的皱纹纸花瓣底部捏起来（F），用花艺胶带将其粘在花朵底部，使外层花瓣的尖部高出珊瑚色花瓣 1.2 cm，把花艺胶带从花瓣底部向下缠绕约 2.5 cm。重复以上步骤，处理剩余花瓣，每次粘一片，把整朵花包围起来。2 片花瓣的边缘大约重叠 1.2 cm；花瓣均匀分布。用闭合的剪刀的刀背把外层花瓣的尖部拉成优美的弧形（G）。将花朵底部折 30°（H）。

3. 组装枝干：把一片叶子放在另一片对面稍低一点儿的位置。把叶子枝干的弯折处放在花朵底部，使叶子枝干和花朵枝干并在一起，然后用花艺胶带粘好，把整个枝干都用胶带缠好。用钳子在最下面的叶子下方 12 cm 处把枝干剪断，使花头朝下，用花艺胶带包住枝干末端。调整叶子的位置，使花朵位于两片叶子之间（I）。

A

B

C

D

E

F

G

H

I

第三部分　花艺

礼物盒装饰花

（第150页）

节日花环灯

（第150页）

翻糖蛋糕装饰花

（第 151 页）

花冠头饰

（第152页）

3D 壁纸

（第 153 页）

胸花

（第157页）

榅桲枝和樱花枝瓶插

（第 159 页）

充满生机的宴会桌面摆饰

（第162页）

摆动的榅桲枝
和银杏枝
（第160页）

晚香玉花环

（第 153 页）

春日摆饰

（第 161 页）

花环

（第154页）

领花

（第158页）

冬日花环

（第 156 页）

彩绘叶子天竺葵盆栽

（第164页）

吊兰盆栽

（第 165 页）

睡莲盆栽

（第 165 页）

高耸的蜀葵盆栽

（第 167 页）

花艺指南

礼物盒装饰花 第 132 页

在礼物盒上放一朵装饰花就好像一次送了 2 份礼物。人们有时不想把礼物拆开，是怕弄坏盒子上的装饰花，这让我非常感动！任何花都可以用来装饰礼物盒——我通常根据盒子的形状和大小来选择装饰花。用茉莉花和香豌豆等藤蔓类植物来装饰平面，可以使漂亮的礼物盒充满活力。像花园玫瑰和牡丹这类艳丽的花朵，可以立刻提升正方形包装盒或者香槟酒瓶的美感。樱花枝则能使大号的长方形包装箱变身为精美的艺术品。

准备包装： 要做 132 页那种装饰着花园玫瑰的礼物盒，只需把礼物包好，并在礼物盒上放一朵花或一枝花枝就可以了。直接用包礼物盒的丝带把花绑上，或者用和纸胶带固定即可。

节日花环灯 第 133 页

我非常喜爱印度文化。每到印度的排灯节，当地人就会点亮成排的陶灯，庆祝最后的收获。这些灯在室外点亮，象征着内心的光明为人们驱散精神的黑暗。第 133 页的花环就是我做的节日花环灯，从实用的角度来说，这是个处理剩余棉纸的简单方法。

1. 准备材料： 首先准备 2 串天使泪电子彩灯（第 180 页），172 片 4 种颜色的山茶花花瓣（第 35 页）和 40 片用洒上漂白液的深粉色棉纸做的秋海棠花瓣（第 26 页）。整个作品都是用 7.5 cm 长的银色花艺胶带粘起来的，可以防止胶带和电线缠在一起。

2. 准备灯： 在电线末端打一个环，注意使每一个环上都有一颗灯泡，这样可以把露出的电线都包进花朵里。用 7.5 cm 长的银色花艺胶带固定好（A）。插上电源，点亮灯泡，这样制作的时候看得更清楚。

3. 制作双层花瓣： 按照第 36 页的第三步制作 86 组山茶花双层花瓣，再用深粉色花瓣制作 20 组秋海棠双层花瓣。

4. 组装花环： 把灯泡当成花心来制作花朵。在电线的每个末端做一朵大号山茶花，各种不同颜色的花要交替分布。在灯泡花心周围粘 4 组山茶花双层花瓣，每次用银色花艺胶带粘一组（B），2 组花瓣的边缘重叠 1.2 cm（C）。重复以上步骤，处理剩余的双层花瓣，做更多花朵。用山茶花双层花瓣做大号花朵，用秋海棠双层花瓣做小号花朵。注意，要使不同颜色、大小的花都交替分布在电线上，比如 2 朵大花、1 朵小花、1 朵大花，或者 1 朵大花和 1 朵小花交替分布。要做出随意的感觉，可以留出几颗灯泡，不在上面做花朵。

完成花环后，把另一串灯和花环缠在一起。用花环来装饰桌子中央、壁炉或窗台非常漂亮。

A B C

翻糖蛋糕装饰花 第 134 页

我第一次用纸艺花装饰蛋糕是为了给《玛莎·斯图尔特婚礼》拍摄照片。当时玛莎只是顺道过来看看我们进行的怎么样，可是当她看到我的蛋糕时，就立即决定用蛋糕当杂志封面！纸艺花与翻糖蛋糕最相配，奶油蛋糕的油脂会弄坏纸艺花的棉纸，而翻糖蛋糕就不会发生这种情况。事实上，任何一种花都可以用来做装饰。你可以把纸艺花和鲜花混在一起，做成花束或桌面摆饰。如果想获得更加逼真时尚的效果，你可以用大而丰满的花朵或是一簇簇小花覆盖住整个翻糖蛋糕，那样看起来非常浪漫。

1. 准备材料：在制作第 134 页那样的蛋糕装饰时，我用了 2 枝单枝的黄绿色大号花园玫瑰（第 60 页），一组叶子是用薄荷绿色康颂卡纸做成的，叶子上洒了白色的水粉颜料和漂白液（第 10 页）。我还用 2 枝单枝的花岗灰色珊瑚钟（第 42 页）点缀玫瑰花，珊瑚钟没有配叶子。整个作品都是用的薄荷绿色的花艺胶带。

2. 摆放花朵：在把花插到蛋糕里之前，先规划好花的位置。我喜欢先把花放在蛋糕前面比划一下，想象插上去之后的效果。先确定大号花园玫瑰的位置，然后再确定叶子和珊瑚钟的位置，用它们来平衡整体造型。在对花朵摆放的位置满意之后，你可以用钳子把花的枝干修剪到大约 7.5 cm 长，然后把枝干笔直地插进翻糖蛋糕中，这样就能把花固定住。一旦插好后就不要大幅度调整位置了，你不想在蛋糕上多插几个洞吧！

花冠头饰 第 135 页

由纸艺花做成的花冠头饰用在婚礼上再合适不过了。我非常喜欢第 135 页那种空灵的花冠头饰，因为它有好多种戴法——你如果愿意，甚至可以把它戴在手腕或肩膀上。对新娘来说，这种花冠是完美的选择，也可以用少量的花给花童做一个花冠。花冠的一边是平的，所以当你开始组装花冠时，要先定好哪面朝上，哪面朝左，哪面朝右。为了把花冠做得很精美，一定要尽量少用胶带。

1. 准备材料：做花冠头饰需要一根用胶带缠好的 46 cm 长的 18 号铁丝，深绿色和绿色花艺胶带，热熔胶枪和钳子。先制作花朵和叶子，用绿色康颂卡纸做 4 根 15 cm 长的贝母叶子枝干（第 57 页），用绯红色棉纸和绿色花艺胶带做 24 朵小茉莉花（第 80 页）。用 18 朵小茉莉花做成 6 簇花，每簇 3 朵小花。在花簇底部下方 5 cm 处把枝干折 30°，放在一边备用。把余下的 6 朵小花的枝干折 30°。

用绯红色棉纸和绿色花艺胶带做 10 个茉莉花花蕾，并在花蕾底部下方 5 cm 处把枝干折 30°。

用蕨绿色康颂卡纸和深绿色花艺胶带做 3 根小号茉莉花叶子枝干和 6 根大号茉莉花叶子枝干（第 80 页）。在叶子下方 2.5 cm 处把枝干折 30°。

用珊瑚色棉纸和 12 cm 长的 20 号铁丝做 8 朵樱花（第 38 页），把每朵花底部折 30°。

2. 组装花冠：把 46 cm 长的铁丝的一端绕食指打一个环（A）。把 2 片小号叶子粘在环下面，左右各一片。选一朵茉莉花粘到铁丝上，使环位于茉莉花枝干下方 5 cm 处（B）。把花枝上的铁丝剪掉，只保留原来的主干，防止枝干越来越粗。继续把剩余的花朵和叶子粘到铁丝上，间隔 1.2 cm，注意变换颜色和大小（C）。一边把

A

B

C

花和叶子粘上去，一边修剪多余的铁丝。在最后一组叶子下方 7.5 cm 处剪断枝干，使花头朝下，用胶带把枝干末端缠好，然后把末端弯成一个短钩。把花冠弯成环形，然后用短钩子钩住环，用发卡把花冠固定在头上。

3D 壁纸 第 137 页

3D 壁纸是由直接粘到墙上的花朵构成的。这很有趣，可以用来做婚纱照的背景墙，也可以用来装饰儿童房的墙面。用纯白色的花朵装饰墙面，可以打造雅致而庄重的居住空间，而用色彩明亮的花朵装点黑色墙面也是不错的选择。

1. 准备材料：在这个作品中，我用了 54 朵不同的花朵和和纸胶带（彩色的遮蔽胶带也可以），尺寸为 200 cm×250 cm。在做 3D 壁纸时，要根据墙面面积把握好花朵的数量和种类，以求达到最好的效果。

2. 制作壁纸：在开始往墙上粘花朵之前，先选好墙面，量好尺寸。行间距大约是 38 cm，根据行间距规划好花朵的位置。从底部开始测量墙面，每隔 38 cm 用铅笔做一个记号。然后从墙面底部开始粘贴第一朵花——花枝的底部要挨着地面。在第一朵花上方粘贴第二朵花，使第二朵花的花枝底端隐藏在第一朵花后面，第二朵花看起来就像从第一朵花中长出来的。继续在墙上粘贴花朵，注意变换胶带颜色、花朵颜色和风格。最后把弧线优雅的香豌豆或花蜘蛛兰粘在最后一排。

粘第二列花时，找准之前用铅笔画的记号，与第一列花保持 38 cm 的距离。第二列第一朵花的高度与旁边的花要有所不同，这样完成之后，整面墙上每一列花的高度都不一样，就不会看起来呆板、不自然。用这样的方法继续粘其他花朵，注意变换胶带颜色以及花朵的颜色、形状和高度，打造一面活力四射的墙。

晚香玉花环 第 141 页

晚香玉总能使我想起小时候每个周六我和母亲一起去圣巴巴拉的农贸市场的情景。我喜欢把做好的晚香玉用线穿起来，做成像第 141 页那样的花环。由于晚香玉是热带花卉，用鲜花做成的花环无法保存太久，因此，纸艺花是做成完美而持久的花环的不二选择。

1. 准备材料：这种花环长 61 cm，需要的材料有中号剪刀、小号锯齿花边剪刀（可选）；5 张 7.5 cm×50 cm 的淡草绿色棉纸条，用漂白液浸染（第 8 页）；13 张 7.5 cm×50 cm 的浅黄色棉纸条，用漂白液浸染；17 张 7.5 cm×50 cm 的浅粉色棉纸条，用漂白液浸染；绿色花艺胶带；装饰用针；一根 102 cm 长的日本纸绳。

复印或描出第 178 页的晚香玉花瓣模板，然后剪下来。用浅黄色花瓣做花心，用 4 片浅粉色花瓣和 1 片浅草绿色花瓣做外层花瓣。

把浅粉色、浅黄色和浅草绿色棉纸条剪成 4 cm×7.5 cm 的纸片，分成 5 张每摞。把花瓣模板放在一摞浅黄色纸片上，花瓣模板顶端朝向漂白的一边，沿花瓣模板描出轮廓，剪下 5 片中心花瓣。重复以上步骤，处理剩余的纸片，总共剪下 150 片中心花瓣。把花瓣模板放在浅粉色和浅草绿色纸片上，花瓣模板顶端朝向漂白的一边，在棉纸上描出花瓣的轮廓，剪下 5 片花瓣，重复以上步骤，总共剪下 250 片花瓣。

2. 制作花心：把一片中心花瓣折出松散的风琴褶，然后把底部捏起来（A），重复以上步骤，处理另外 2 片花瓣。把第一片花瓣轻轻卷起来，使两个边刚好重合，注意不要把风琴褶压平，然后捏住未漂白的一端（底部）。捏着第一片花瓣底部，添加第二片花瓣，使 2 片花瓣的边缘重合大约 1.2 cm，使第二片花瓣包住第一片花瓣。重复以上步骤，添加第三片花瓣。用胶带把花瓣粘牢，在花瓣底部缠 2 圈，或者缠 1.2 cm，把花瓣固定住（B）。重复以上步骤，总共做 50 个花心。

3. 组装花朵：把一片花瓣包在花心外面，使花瓣高出花心 1.2 cm，然后用花艺胶带粘好。把第二片花瓣放在第一片花瓣旁边，2 片花瓣大约重合 1.2 cm，包在花心外面。用花艺胶带把花瓣底部粘好，并把其他 3 片花瓣逐一粘上，最终使花朵呈圆形。重复以上步骤，共制作 50 朵花。

4. 组装花环：用装饰用针在花朵底部下方 1.2 cm 处的枝干上扎一个洞，把日本纸绳穿过去（C），重复以上步骤，把其他花朵串起来。在最后一朵花后面 10 cm 处把日本纸绳打一个双结。

A

B

C

花环 第 143 页

在组装花环时，你可以试着变换花朵和叶子的位置，这里介绍的只是制作一个美丽的花环的方法。这个花环是用来悬挂的，所以背面是平的。在开始制作之前，确定好花环的正面和左右两面，这对后面的制作很有帮助。

1. 准备材料：第 143 页上的花环的直径大约是 61 cm，制作材料为一根 46 cm 长的 18 号铁丝，提前用胶带缠好；10 根 46 cm 长的 16 号铁丝（用来加固枝干）；绿色花艺胶带；钳子；墙面挂钩。制作以下花朵和叶子，4 朵香豌豆花（第 114 页）；1 朵大号花园玫瑰（第 60 页），不含叶子；7 簇茉莉花（第 80 页）；4 朵花毛茛（第 106 页），不含叶子；3 朵牡丹（第 122 页）；4 朵日本银莲花（第 76 页）；7 朵毛球花（第 50 页）；4 朵罂粟花（第 102 页）；12 片茉莉花叶子（第 80 页）；6 根香豌豆叶子卷须（第 114 页）。

将每朵花底部下方 5 cm 处的枝干折 30°，将每片叶子或每根卷须下方 5 ～ 7.5 cm 处的枝干折 30°。

2. 组装花环：花点儿时间把花朵和叶子在桌面上摆成一排，这样可以帮助你确定每个元素的位置。总的来说，大一点儿的花朵要放在中心位置，卷须围在周围，用小号花朵和毛球花填补空隙。

把 46 cm 长的铁丝的一端绕食指弯成一个环（A），最终要把这个环挂在墙面挂钩上。从铁丝右侧开始粘贴花朵，每朵花间隔约 7.5 cm（B）。

每粘贴 4 ～ 5 个元素就要添加一根加固铁丝。取一根 46 cm 长的加固铁丝，找到捆扎 2 根铁丝时出现的空隙，把加固铁丝的顶部插进空隙中（C）。用花艺胶带固定好加固铁丝，把胶带缠绕到添加下一个元素的位置。

继续添加花朵、叶子和卷须，注意变换元素的大小和颜色，把元素添加在花环的左侧、右侧和中间，确保叶子环抱着花朵。在把香豌豆卷须添加到花环上之后，把它们微微弯成 S 形，使其别在其他花朵和叶子的外侧。在添加带花蕾的银莲花时，要把花蕾露出来。

在粘好最后一个元素之后，用钳子在最后一朵花或叶子下方 7.5 cm 处剪断枝干。使花头朝下，用花艺胶带缠好枝干末端。把花枝弯成环形，使其首尾相连，用胶带把花枝的首尾粘在一起。在把花环挂起来之前，调整花朵形态，使花朵都呈盛

开状态，调整叶子，使叶子都露出来。

冬日花环 第 145 页

冬天，我喜欢用漂亮的应季花环装饰壁炉。一年当中的任何时候都可以这样做，并且可以把任何花朵组合在一起。分别把花朵和叶子都做好，然后用热熔胶枪把它们粘到一根绳子上，这样可以事半功倍。下面列出的材料和用量可以做成 100 cm 长的花环，你也可以根据自己的喜好来调整材料的数量和绳子的长度。

1. 准备材料： 需要的材料有一根直径为 2.5 cm 的 100 cm 长的麻绳，金色和银色的金属色花艺胶带，钳子，热熔胶枪。把绳子的一端用花艺胶带缠起来，防止绳子散开。然后制作下列花朵和叶子，2 朵用浅黄色棉纸制作的山茶花（第 35 页），不含叶子；3 朵用乳白色棉纸制作的牡丹花（第 122 页），不含叶子；12 根小号柑橘叶子枝干和 12 根大号柑橘叶子枝干（第 84 页），叶子经过泼溅处理（要用 10 cm 长的 18 号铁丝，提前用花艺胶带把铁丝缠好）；用银箔纸做 3 根蕨叶叶子枝干（第 171 页）；用金箔纸做 2 根小号木槿叶子枝干和 7 根大号木槿叶子枝干（第 68 页）；用带大理石花纹的纸做 5 根大号木槿叶子枝干（第 68 页），用金色棉纸做叶子背面。

2. 制作柑橘枝： 选 1 片大号柑橘叶子，把它放在距离铁丝顶端 1.2 cm 处。用叶子底部包住铁丝顶端并捏紧，然后用花艺胶带粘好，把胶带向下缠绕 5 cm。在铁丝前面粘贴 1 片小号柑橘叶子，使其位于大号叶子下方 5 cm 处。在小号叶子和大号叶子的交汇点把小号叶子折 10°，把 2 片叶子分开。在已经粘贴好的叶子右侧下方 1.2 cm 处再粘贴 1 片大号叶子，并将其折 60°。用同样的方法再粘贴 2 片大号叶子，不要粘在同一侧，叶子间距为 5 cm，分别将叶子折 60°。重复以上步骤，再用 4 片大号叶子和 1 片小号叶子制作一枝柑橘枝。按照说明，把 5 片小号叶子和 2 片大号叶子粘贴成 2 根小号柑橘枝。

3. 组装花环： 所有花朵和叶子都是用热熔胶粘到绳子上的。但是，在粘之前要把所有花朵和叶子都摆好位置（记住，即使热熔胶凝固之后，你也可以调整花朵和叶子的位置）。把每朵花的枝干都修剪到 5 ~ 7.5 cm 或需要的长度。由于花环是被放在平面上的，所以主要看的是花环正面。叶子构成了花环的外层轮廓和边缘，要与桌面保持平行。花朵则几乎与壁炉架或架子的平面垂直。

在每根枝干的末端滴一滴热熔胶（A），然后迅速将末端插入绳子中（B）。继续用这样的方式粘贴叶子和花朵，注意变换大小和颜色，使不同颜色、大小的花朵和叶子交替出现在绳子左右两侧（C），直到整条绳子上都插满花朵和叶子。花点儿时间检查一下花环，如果觉得有空隙，那么你可以再添加一些花朵或叶子，然后根据

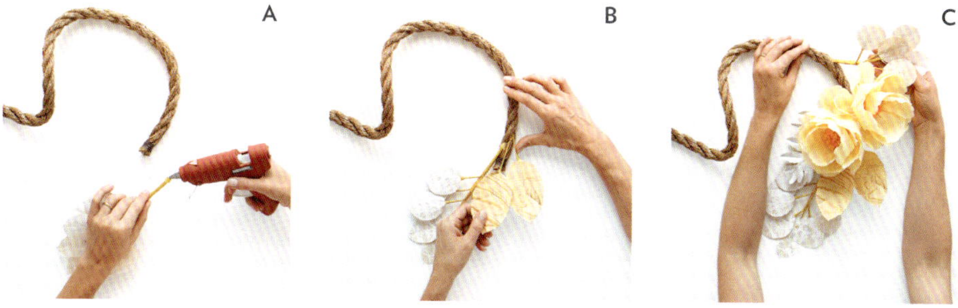

需要调整花朵和叶子的位置。你可以根据自己的喜好决定把花环做成花朵稠密的还是稀疏的。

胸花和领花

制作胸花和领花时，胶带用得越少越好，缠铁丝时胶带要尽量平整一些。枝干和叶子是否制作精良决定了一朵胸花或领花是否制作成功，决定了胸花和领花是否能够长久保持美丽，还是粗制滥造、枝干粗笨。

胸花 第 137 页

1. 准备材料： 制作第 137 页的胸花，需要的材料有银色和粉色的亮粉、白乳胶、绿色花艺胶带、钳子、胸花针。我们用到的花朵是粉色和灰色的罂粟花（第 102 页）、花毛茛（第 106 页）和牡丹（第 122 页）。按照第 173 页的木槿叶子模板，参照第 22 页的制作说明，用蕨绿色和洋红色康颂卡纸制作小号木槿叶子枝干。轻轻地在叶子上涂胶水（A），把亮粉均匀地撒在 2 片叶子上，然后把多余的亮粉抖掉（B）。在做好花朵之后，也可以在花瓣边缘或花心上涂一些白乳胶，撒一些亮粉（C），然后把多余的亮粉抖掉。放在旁边晾 10 分钟，等胶水干透。

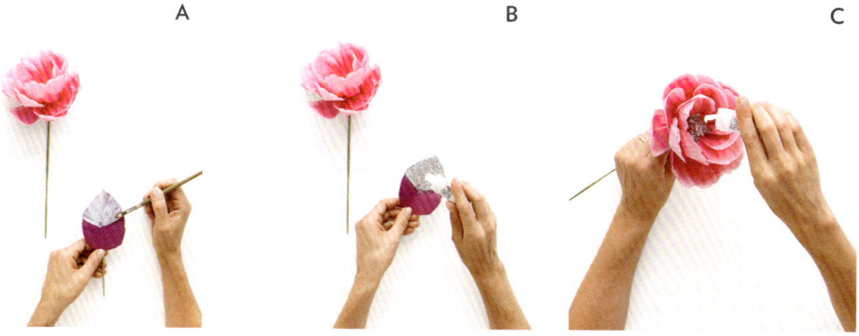

2. 制作胸花：把叶子放在花朵旁边，使其包围着花朵。把枝干并在一起，在花朵下方用胶带粘好，把胶带缠绕 2 圈，大约缠 2.5 cm，固定好叶子。调整叶子，使叶子刚好碰到花瓣边缘，但又不会压到花瓣。用胶带缠好整个枝干，然后用钳子把枝干修剪到 5 cm 长。使花头朝下，用花艺胶带把枝干末端缠好。

领花 第 144 页

1. 准备材料：制作第 144 页的领花，需要的材料有棕色花艺胶带、热熔胶枪、钳子和铁锈色领花别针。把蔓越莓色棉纸用漂白液浸染，制作一朵山茶花（第 35 页）。

制作浆果，需要先做 5 个小号花蕾球（第 19 页），需要的材料有棕色花艺胶带、紫红色棉纸和 5 根用胶带缠好的 23 cm 长的 20 号铁丝。按照第 22 页的方法用装饰用米纸和金色棉纸制作 2 片叶子，再做一片蜗形蕨叶（第 171 页）。

2. 组装浆果：把 5 个花蕾球紧紧捏在一起，然后用棕色花艺胶带把它们粘成一簇。用胶带缠 2 圈，固定好，然后用钳子剪断其中的 2 根铁丝，这样可以使主干细一些。握住剩下的 3 根铁丝，把胶带从浆果底部向下缠绕 7.5 cm，缠绕过程中捏紧胶带。轻轻地把浆果掰开，使每颗浆果之间都有空隙，做出自然的效果。在剪断 2 根铁丝的地方把枝干折 60°。

3. 组装领花：把叶子放在比山茶花高 1.2 cm 的地方（A）。把 3 根枝干并在一起捏紧，然后将胶带在叶子底部下方缠 2 圈，固定好。调整叶子，使它们刚好碰到花瓣，但又不会压到花瓣。

把浆果粘到花朵枝干上，使其位于叶子对面（B）。握住浆果枝干和花朵枝干，用胶带从浆果底部把它们粘在一起，并向下缠绕胶带至包住整个枝干。用钳子将枝干修剪到 5 cm 长。使花头朝下，用花艺胶带把枝干末端缠好（C）。

A

B

C

要把领花固定到领子上，可以把一根铁锈色领花别针穿入山茶花底部下方 5 cm 处的枝干里，然后别到领子上。领花应该尽量贴着外套。

花枝

就像在大自然中见到的花枝一样，我在制作花枝时，通常把最小的叶子或花蕾放在枝头，尺寸从上往下逐渐变大，把最大的叶子放在枝干根部（或小枝干根部、花茎根部）。在粘贴好一些花朵、花簇、花蕾或叶子之后，我会快速地把其他元素组合好，把 2 片叶子分为一组，以固定的间隔沿着花枝把叶子粘上。

做第 138 页的花枝时，我使用的是榅桲花、樱花和双头樱花，但你可以只用一种花做出惊艳的效果。我也喜欢做有 5 朵花的迷你花枝，把它们放在每位客人的餐巾上，让他们带回家。

如果你想做一个更出人意料的东西，那么第 140 页的摆动的花枝是非常棒的选择，它可以完美地融入你的家居装饰。只需 2 枝就可以给人留下深刻印象，摆动的花枝可以增添动感的视觉效果。银杏枝的枝条悬垂着，与笔直的、像雕刻出来的榅桲枝形成了鲜明对比。

榅桲枝和樱花枝瓶插 第 138 页

1. 准备材料：你需要 3 根 120 cm 长的造型有趣的树枝、80 朵榅桲花（第 40 页）、45 朵樱花（第 38 页）、40 朵双头樱花（第 38 页）。用珊瑚色、蔓越莓色和浅粉色棉纸做花朵。你还需要准备修枝剪、13.6 L 豆砾石、3 个大小不同的花瓶和 1 把热熔胶枪。

2. 布置桌子：选好安置花枝的桌子。如果桌面是长方形的，可以在桌面中间放一条桌旗；如果桌面是圆形的，可以在中间放一个圆形垫子或漂亮的圆形托盘。把花瓶放在桌子中心，放好之后，往每个花瓶中倒半瓶豆砾石，防止花瓶倾倒。把花瓶在桌子中央放好后，每次把一枝树枝插到花瓶中。注意，先把树枝插好再往上粘贴花朵是很容易的，反过来操作则会抖落很多花朵，而且难以恢复原状。插好 2 根树枝之后，后退几步看看对整体造型是否满意。（我喜欢想象冬天的树的样子。）你一定不希望树枝交叉在一起，那看起来很不美观，它们应该看起来就像自然生长出来的。制作的时候，要注意变换树枝的高度，使其看起来生动有趣。树枝摆好后，把剩下的豆砾石倒进花瓶里。

3. 粘贴花朵：用热熔胶枪把花朵粘到树枝上。在这件瓶插作品中，我们把花朵按颜色分组，用不同的粉色做出“渐变色”效果。首先把每朵花修剪一下，然后滴一滴热熔胶，把花朵按压到树枝上合适的位置。从一侧开始粘贴，每次粘一朵花。看一下整体效果，确保花朵分布均匀，然后就可以开派对了！

摆动的榅桲枝和银杏枝 第 140 页

1. 准备材料：需要的材料有一根 120 cm 长的带有 25 朵花和 10 个花蕾的榅桲枝（第 40 页）、修枝剪、一根 300 cm 长的麻绳、一个小吊钩，你还需要一根 120 cm 长的树枝，根据第二个步骤制作银杏枝。

2. 制作银杏枝：复印或描出第 173 页的银杏叶模板，然后剪下来。在淡黄色康颂卡纸上描出 5 片小号叶子和 30 片大号叶子，并把它们剪下来。剪出 35 根 10 cm 长的 18 号铁丝。

每一根小枝上都有 1 片小号叶子和 8 片大号叶子。制作一根小枝，首先要用大号叶子包住 10 cm 长的铁丝顶端 1.2 cm，把细长的叶子底部拧在铁丝上，用棕色花艺胶带把叶子粘牢，并把胶带向下缠绕 5 cm（A）。把一片小号叶子放在第一片叶子下方 5 cm 处，使其位于大号叶子正前方，把叶子底部在铁丝上拧紧，用棕色花艺胶带把叶子粘牢，并把胶带向下缠绕 5 cm。把小号叶子从交汇点向枝干折 10°，使 2 片叶子分开。在向下 1.2 cm 处再粘贴一片大号叶子，粘在上一片叶子的右侧。把叶子折 60°。把其余 6 片大号叶子用同样的方式粘上去，每粘完一片叶子，胶带向下缠 5 cm，把叶子交替粘到枝干的左右两侧。把每片叶子都折 60°，做出一个讨人喜欢的银杏叶小枝（B）。重复以上步骤，总共做出 3 根有 9 片叶子的银杏叶小枝。再用 1 片小号叶子和 3 片大号叶子制作 1 根较小的小枝，一共制作 2 根。

修剪树枝，把树枝上原有的大部分小枝、过长的分枝以及那些看起来不健壮的枝桠都剪掉。只留下较小的分枝，以提升整体的美感。在树枝中间选一个合适的位置，把第一根较大的小枝粘上去。把小枝的枝干修剪到 4 cm 长，把小枝的枝干和树枝并在一起，用胶带把小枝粘到树枝上，把胶带缠绕 4 cm 或缠绕至覆盖住整根铁丝——最好尽量少用胶带（C）。粘好后，把小枝折 60°，把树枝做成优美的弧形。把另外 2 根较大的小枝分别粘在第一根小枝的上面和下面。重复以上步骤，把 2 根较小的小枝粘在 2 根较大的小枝附近，使树枝上的叶子变得更茂密，增加视觉效果。用修枝剪把树枝修剪到合适长度，然后调整叶子和枝干，使其看起来清新自然。

3. 寻找支点：实际上，这种摆动的花枝是用麻绳把 2 根树枝捆在一起，然后找到平衡点悬挂起来的。因此，要保证树枝的重量适宜。用 2 根手指挑起榅桲枝，找到平衡点或者支点，这时树枝几乎可以保持水平。用胶带在支点处缠一圈，做上记

号。重复以上步骤，找出银杏枝的支点。

4. 固定花枝：把麻绳对折，麻绳对折后长度为 150 cm。把麻绳的一端在较低的银杏枝的支点处缠 2 圈，然后打一个双结。2 根树枝在旋转时不能互相碰撞，所以在固定的时候要尽可能扩大 2 根树枝的距离，使树枝可以自由摆动。（这个作品中的 2 根树枝大约相距 23 cm。）把麻绳向上拉 30.5 cm（无论多长，只要能使 2 根树枝自由摆动就行，麻绳要比 2 根树枝间的距离多出 7.5 cm），将麻绳的一端在榅桲枝的支点处缠 2 圈，看看树枝是否保持平衡并进行调整，然后打一个双结。调整银杏叶子，使它们呈现出在重力的作用下下垂的样子。

5. 安装吊钩：把花枝的外形调整到满意为止，然后安装吊钩。试一下把花枝挂在什么高度最合适，然后在麻绳末端打一个双结，使花枝能够固定在合适的高度。把摆动的花枝挂在吊钩上，然后轻轻推一下，使它们轻微摆动。

桌面摆饰

我喜欢创作简约随意的桌面摆饰，然后应景地举办一场派对！第 139 页和第 142 页的桌面摆饰是我把我最喜欢的几种花组合在一起做成的。这些明艳喜庆的摆饰可以向朋友们展示你制作纸艺花的高超技艺。在构思桌面摆饰时，你可以尝试用简洁干净的花盆衬托花朵的绚丽色彩，也可以用一个高瓶营造质朴感性的效果。

春日摆饰 第 142 页

1. 准备材料：这组桌面摆饰大约 46 cm 高、122 cm 长，用于 8～10 人的桌子。如果宾客的人数增加或减少，可以通过增加或减少花盆和花朵的数量来调整摆饰的大小。如果不确定要做成多大尺寸，你可以和朋友一起坐在布置好的桌边看看效果如何。这里需要 2 朵葡萄风信子（第 94 页）、3 朵春日银莲花（第 110 页）、7 根大号日本银莲花叶子枝干（第 76 页）、3 朵贝母花（第 57 页）、1 根贝母叶子小枝（第 57 页）、1 朵珊瑚钟（第 42 页）和 2 朵花毛茛（第 106 页）。你需要准备 1 个小杯子、2 个小碗和 1 个中号花瓶，此外还有泡沫塑料、白色装饰沙、花泥和钳子。我使用的花盆上有亚光纹理，衬托之下，花朵就成了明星。（这种柔和的元素也可以很好地衬托亚光纸质叶子。）

2. 准备容器：在每个碗中放一块泡沫塑料并塞紧，使泡沫比碗的边缘低 2.5 cm。如果泡沫塑料塞得不紧，可以用小块的泡沫塑料填充空隙或者塞一些花泥（花泥不是一次性的，所以在派对结束后你也可以把桌面摆饰拆掉。）

3. 把花插入容器中：在 1 个小碗里插 2 朵葡萄风信子，在 1 个小杯子里插 3 朵贝母花和 1 根贝母叶子小枝，在 1 个小碗里插 3 朵春日银莲花和 7 根大号日本银莲花叶子枝干，在中号花瓶里插 2 朵花毛茛和 1 朵珊瑚钟。

4. 修剪花朵枝干：把每一个容器中的花都想象成一株正在一小堆泥土中吐露芬芳的植物。叶子可以把铁丝和花朵的背面遮起来。根据容器的大小决定花朵枝干的长度。选一根枝干放在相应的容器外面，测量出花朵的高度，然后剪掉 2.5 ~ 5 cm，放上沙土后刚好露出叶子即可。把花朵插进泡沫塑料中，注意枝干要保持直立并位于容器正中间，这样看起来更加自然。最后往容器里倒沙子，倒到距离容器边缘 1.2 cm 即可。重复以上步骤，处理其他容器。

5. 布置桌面：先确定桌面摆饰的摆放位置。如果桌面是长方形的，你可以在桌子中间放一条桌旗；如果桌面是圆形的，你可以在桌子中间放一个圆形垫子或漂亮的圆形托盘。把盘子等餐具摆好，摆放的容器数量根据余下的空间而定。沿着桌子中间的桌旗排列容器，如果桌子是圆的，就有机地排列容器（比如中心排列紧密，外围排列稀疏）。布置容器时要注意突出花朵的色彩，但又不要使其过分突出。在布置容器的同时，要注意花的色彩、种类和枝干的高度的搭配要协调。注意留出空隙，不要使花朵都挤在一起。

充满生机的宴会桌面摆饰 第 139 页

1. 准备材料：这组桌面摆饰大约 30 cm 高、60 cm 长。你需要准备一个浅口的椭圆形容器、插花泡沫、花泥、4 朵罂粟花（第 102 页）、3 朵花毛茛（第 106 页）、3 朵日本银莲花（第 76 页）、3 朵木槿（第 68 页）、4 朵春日银莲花（第 110 页）、2 朵大号花园玫瑰和 1 朵小号花园玫瑰（第 60 页）、10 根木槿叶子枝干（第 68 页）。

2. 插花：取一小块花泥把一块 5 cm×5 cm×10 cm 的插花泡沫固定在容器里。

用钳子把花朵的枝干修剪好，然后把枝干插入泡沫中，有些枝干可以排列得密一些，形成错落有致的效果，看起来更加自然。我喜欢把两三朵一样的花放在一起。用 1 片叶子或 2 片叶子盖住泡沫。也可以调整一些花朵和叶子，使它们挂在容器的边缘上，以及插一些枝干较短的花，使它们露在容器外面。

盆栽 第 146 ～ 149 页

我最喜欢的处理单枝花朵的方式就是把它们做成盆栽。第 146 ～ 149 页展示的所有盆栽都有一个事先设计好的“正面”视角，但是，这些盆栽从其他角度观赏也十分美丽。为了把完成的作品牢牢地固定在花盆里，请按照以下的简单说明制作。

1. 准备材料：你需要准备一个陶土盆；50 cm×76 cm 的被轻微揉皱的棉纸；5 cm×30.5 cm×91 cm 的泡沫塑料——大小适合放入花盆中，并距离花盆边缘 5 cm——不要使用插花泡沫，因为插花泡沫对石膏的反应较差；2 杯熟石膏；容量为 4.5 L 的密封塑料袋；砾石或装饰石材（可选）。

2. 布置花盆：把揉皱的棉纸铺在陶土盆底部，起到填补空隙的作用，同时也可以防止石膏从排水孔流出（A）。把泡沫塑料放入花盆里，确保泡沫接触花盆的内壁（B）。一定要使用泡沫塑料，这是非常关键的——它对固定花朵的位置很有帮助。如果只用熟石膏填充花盆，那么整个盆栽就太重了。把枝干插进泡沫塑料中（C）。按使用说明把熟石膏和水在塑料密封袋里混合好，在袋子的一角剪一个 1.2 ～ 2 cm 的口子，把熟石膏挤入盆中，熟石膏至少要和花盆边缘保持 2.5 cm 的距离（D，E）。你如果愿意，可以在石膏凝固前用砾石或装饰石材把石膏盖住（F）。“种”好植物以后，不要忘了给花朵和叶子添加一些活力。因为纸艺花是用铁丝制成的，所以任何一个部位都可以调整，以做出最自然的效果。花点儿时间调整花朵

A

B

C

的位置，把叶子都分开，让每一朵花、每一片叶子都“沐浴阳光”吧。

彩绘叶子天竺葵盆栽 第 146 页

天竺葵盆栽可以做成任意大小。你可以随意增减花朵、叶子的数量，或者随意改变盆栽的整体外形。我喜欢拧绞、弯折枝干，把每一片叶子的位置都调整为向阳的角度。

1. 准备材料：按照第 64 页的说明制作 2 枝单枝天竺葵和 1 根只有叶子的枝干，根据需要调整数量，用 30 片连续型花瓣做 10 朵小花（而不是按照说明用 21 片连续型花瓣制作 7 朵小花）。

用 10 根双头花蕊制作 10 个天竺葵花心。准备 1 张 5 cm×50 cm 的橘色棉纸条（对折，剪出流苏花边，然后剪成 10 张 5 cm×5 cm 的纸片），10 根用花艺胶带缠好的 10 cm 长的 22 号铁丝。按照第 66 页的说明制作花心，用 10 cm 长的铁丝代替 23 cm 长的铁丝。

按照第 22 页的说明做 5 根小号叶子枝干、12 根中号叶子枝干和 13 根大号叶子枝干。将叶子上色（第 10 页）。

你还需要准备 3 根 23 cm 长的 18 号铁丝，用来加固枝干，还要准备一个 10 cm×15 cm 的陶土盆。按照第 66 页的说明制作 2 根带有珊瑚色天竺葵花朵和叶子的枝干，1 根只有叶子没有花朵的枝干。另外，按照第 10 页的步骤给叶子涂上 2 种颜色。

2. 布置花盆：按照第 163 页的步骤，把揉皱的棉纸和泡沫塑料放在花盆里。把 3 根枝干的最下面剪掉 10 cm。通过目测把花盆中的空间分成 3 份，使 3 根枝干在花盆中均匀分布。先把 1 根枝干插入 1/3 泡沫塑料中，使其保持直立。把带有大花朵的枝干插到另外 1/3 泡沫塑料中，把枝干稍微弯成弧形。然后把第三根不带花朵的枝干插入剩余的 1/3 泡沫塑料中，并使其稍微背对着另外 2 根枝干。每一片叶子都要向外翻，这样看起来更自然，而且可以把胶带和铁丝都藏起来。如果你想做一个大一点儿的盆栽，可以继续添加花朵。在把最后一枝花插到花盆中后，记得调整一下叶子。

按照第 163 页的步骤把熟石膏倒入花盆中，然后用砾石或装饰石材盖住。

吊兰盆栽 第 147 页

我选择用花蜘蛛兰来制作吊兰盆栽，因为这种花可以从花盆中垂下来。设计花朵枝干的造型时可以尽可能大胆一些，也可以 2 倍或 3 倍地增加每根枝干上的花朵数量。

1. 准备材料：你需要准备 6 枝小号花蜘蛛兰（第 30 页）；9 枝大号花蜘蛛兰（第 30 页）；1 个带排水孔的 10 cm×15 cm 陶土兰花盆；50 cm×76 cm 的防水棉纸。

制作花蜘蛛兰的花朵和叶子，但是不要把叶子粘到花的枝干上；叶子是单独粘到花盆上的。用闭合的剪刀的刀背把一些叶子拉出弧度。

2. 准备花盆：把防水棉纸对折，然后将其放入花盆中，贴紧花盆内壁。防水棉纸可以防止石膏从排水孔流出来，也可以遮住泡沫塑料。把泡沫塑料放入花盆中，确保泡沫塑料正好能放入花盆中，但不要把棉纸压进花盆里。把棉纸修剪一下，使其高出花盆 5 cm，然后把纸的边缘向外折，这样在制作的时候就不会挡住视线。

3. 插花：花点儿时间规划一下花朵和叶子的位置。例如，你可以在花盆的一侧插 2 枝花，另一侧插 1 枝花，做出一种不对称的效果。把花蜘蛛兰插进泡沫塑料中，然后把单独的叶子插在花蜘蛛兰之间，在花盆中心形成漂亮的叶子群。按照第 163 页的步骤在花盆中倒入熟石膏，并用砾石或装饰石材覆盖熟石膏表面。等石膏凝固之后，把露在花盆外面的棉纸撕掉，调整下砾石，使其盖住石膏。

睡莲盆栽 第 148 页

金色睡莲盆栽的设计灵感来源于金色的佛教祭坛。制作睡莲所用的 3 种花瓣做起来很容易：2 种用深粉色棉纸，1 种用涂了金色颜料的红色双层皱纹纸。当然，叶子要用绿色花艺胶带先粘好，然后再用金色花艺胶带在外面粘一层——这样盆栽更容易保存，而且降低了成本。

1. 准备材料：制作睡莲盆栽，你需要准备 1 个小号莲蓬（当花心）和 1 个大号莲蓬，10 根 46 cm 长的 18 号铁丝（用来加固枝干），绿色和金色花艺胶带，金色颜料，画笔，热熔胶枪，12 cm×20 cm 的花盆。制作花朵，你需要准备 1 朵单茎睡莲花（第 126 页），用到的材料是被漂白液浸染的深粉色连续型花瓣、用红色双层皱纹纸做成的外层花瓣；1 根 46 cm 长的 18 号铁丝，提前用胶带缠好。制作叶子枝干，你需要准备用金箔纸做的 4 根小号睡莲叶子枝干、3 根中号睡莲叶子枝干和 3 根大号睡莲叶子枝干（第 126 页）；10 根 46 cm 长的 18 号铁丝，提前用胶带缠好；10 张 1.2 cm×5 cm 的金色棉纸。

先制作睡莲花。从深粉色棉纸上剪下 8 片连续型花瓣，漂白的一边为花瓣顶端，然后再剪下 8 片连续型花瓣，未漂白的一边为花瓣顶端。把红色皱纹纸的正面涂成金色，晾干备用。接下来按照第 128 页的步骤剪下睡莲的外层花瓣。把一根加固铁丝和枝干并齐，把顶端从花朵底部插进去，用绿色花艺胶带把加固铁丝和枝干从头到尾缠起来，不要把加固铁丝和枝干拧在一起。重复以上步骤，添加第二根加固铁丝，把胶带一直缠绕到枝干末端。最后用金色花艺胶带在枝干外面缠一层。

按照第 128 页的步骤制作睡莲叶子，用金色米纸替代绿色康颂卡纸，用 46 cm 长的铁丝替代 23 cm 长的铁丝，叶子背后的贴纸用金色棉纸替代浅绿色棉纸。用绿色花艺胶带捆扎叶子枝干。选 1 根中号叶子枝干和 2 根大号叶子枝干，将叶子底部折 60°，然后把加固铁丝和叶子枝干并在一起，将加固铁丝顶端插到叶子底部。用绿色花艺胶带把加固铁丝和叶子枝干粘在一起，并把胶带一直缠绕到枝干末端。要保证加固铁丝不要和枝干拧在一起。重复以上步骤，添加第二根加固铁丝，把胶带一直缠绕到枝干末端。最后用金色花艺胶带在枝干外面缠一层。

用热熔胶把风干的莲蓬粘到 46 cm 长的铁丝上（如果你买到的是没有粘到铁丝上的莲蓬）。把莲蓬涂成金色，晾 30 分钟备用。当莲蓬摸起来不黏的时候，用绿色花艺胶带把莲蓬底部和枝干粘到一起，并把胶带缠绕至枝干末端，和上面处理叶子的方法一样。添加加固铁丝，把胶带缠绕至枝干末端。最后用金色花艺胶带在枝干外面缠一层。

2. 布置花盆：按照第 163 页的步骤把揉皱的棉纸和泡沫塑料放入花盆中。规划一下怎样放置花盆、花朵和叶子，一定要确保每一个元素都有足够的空间。把花朵插进泡沫塑料中，然后把花朵折 30°；花大约应该有 46 cm 高。把大号莲蓬插在花朵旁边，大约比花朵高 2.5 cm。将莲蓬底部折 30°，或是轻轻向前折弯。把 2 片大号叶子和 1 片中号叶子插好，使叶子高于花朵（这是最上面一层），然后把 1 片中号叶子插到泡沫塑料中，使叶子和花朵的高度基本保持一致。最后把其他叶子插上去，作为最下面一层，插的时候注意变换高度，使从花盆底部到叶子顶部的高度从 20 ～ 28 cm 变化。注意，要使叶子保持直立。

按照第 163 页的步骤，把熟石膏倒入花盆中，然后盖上砾石或装饰石材。

高耸的蜀葵盆栽 第 149 页

我曾经为朋友刘易斯·米勒制作过许多这种超大型盆栽，他在纽约有一家活动策划公司，他的办公室里有一面堪称“黑暗花园”的墙。

1. 收集材料：要想制作第 149 页的高耸的蜀葵盆栽，你需要准备 2 个复合花蕊（第 18 页）、14 根 46 cm 长的 18 号铁丝（用来加固枝干）；1 个 15 cm×25 cm 的陶土盆。

2. 准备材料：用蘸过水（不是漂白液）的黑色棉纸制作 2 朵超大的蜀葵花朵。用绿色康颂卡纸和铁丝制作 6 根小号蜀葵叶子枝干、5 根中号蜀葵叶子枝干、10 根大号蜀葵叶子枝干和 9 根超大号蜀葵叶子枝干。将所有叶子底部下方 5 cm 处的枝干折 60° 。

按照第 73 页到 74 页的前五个步骤制作蜀葵花朵枝干。另外再做 2 根小枝子用来插盆。把 2 根小号叶子枝干、3 根中号叶子枝干和 5 根大号叶子枝干缠在一起做成一根小枝子，把剩下的 4 根小号叶子枝干缠在一起做成另一根小枝子。

3. 组装枝干：在粘好第二朵花之后，要添加两根加固铁丝，注意不是一根。在把两根枝干缠在一起时，胶带和枝干之间会出现缝隙。找准粘贴第二朵花时胶带和枝干之间的缝隙，往缝隙中插入一根加固铁丝，然后用花艺胶带向下缠绕至下方叶子的交汇点，再把胶带向下缠 5 cm。重复以上步骤，添加第二根加固铁丝。

把一根中号叶子枝干和主干粘在一起，使叶子位于第二朵花下方 5 cm，用花艺胶带向下缠绕，把整个主干缠好。然后在主干的同一高度的相对位置再粘一片中号叶子。

在中号叶子下方 5 cm 处添加第三朵花和 2 片大号叶子，然后添加第四朵花。用上面提到的方法添加 3 根加固铁丝，每次添加 1 根。

把 4 片超大号叶子粘到主干上，每次粘 2 片，间距为 5 cm。然后添加 3 根加固铁丝（此时已经添加了 8 根加固铁丝）。接着在最下面那对超大号叶子下方 5 cm 处粘贴第五朵花和 2 片大号叶子，然后再添加 3 根加固铁丝。在第五朵花下方 5 cm 处粘贴第六朵花和 1 对超大号叶子，然后再添加 3 根加固铁丝。最后粘贴 3 片超大号叶子，使其均匀分布在主干周围。

4. 布置花盆：按照第 163 页的步骤把揉皱的棉纸和泡沫塑料放入花盆中。在整棵蜀葵最后一层叶子下方 17 cm 处将主干剪断，然后把整棵蜀葵插到花盆中心的泡沫塑料中。把小枝子插到泡沫塑料中填补空隙，注意要把它们藏在主干后面。所有叶子都要朝向外侧，盖住植物背面，把胶带和铁丝藏起来。

按照第 163 页的步骤把熟石膏倒入花盆中，最后用砾石或装饰石材盖住熟石膏。

模板

花蜘蛛兰叶子
花蜘蛛兰叶子
山茶花花心
花蜘蛛兰
喉状花瓣
花蜘蛛兰
外层花瓣
山茶花 / 春日银
莲花花瓣
大号山茶花叶子
小号山茶花叶子
秋海棠 / 榅
桲花瓣
春日银莲花叶子

昙花外层花瓣
昙花内层花瓣
昙花叶子
珊瑚钟花瓣
珊瑚钟叶子
珊瑚钟叶子
樱花 / 晚香玉花瓣

大丽花花瓣 1

大丽花花瓣 2

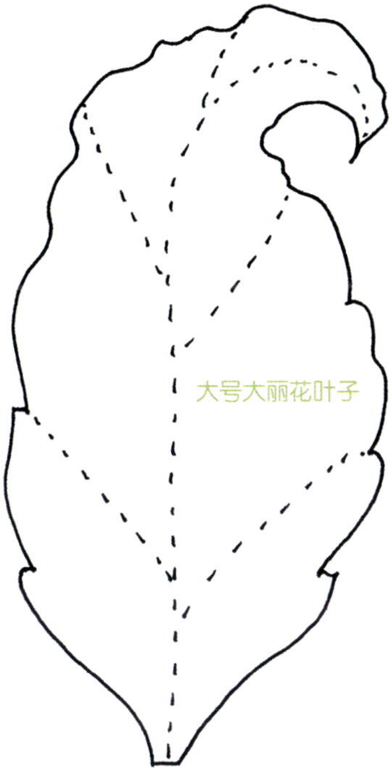

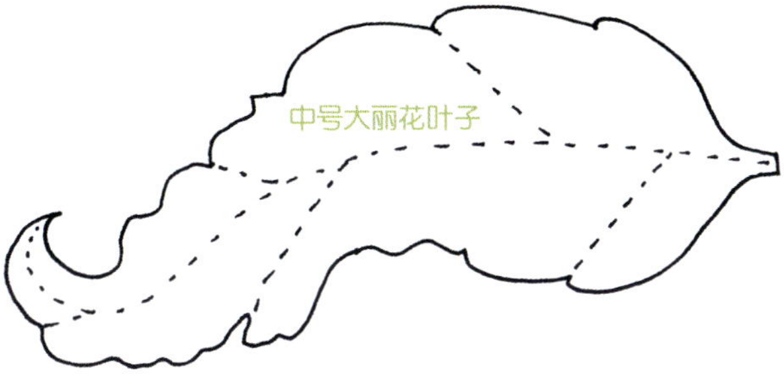

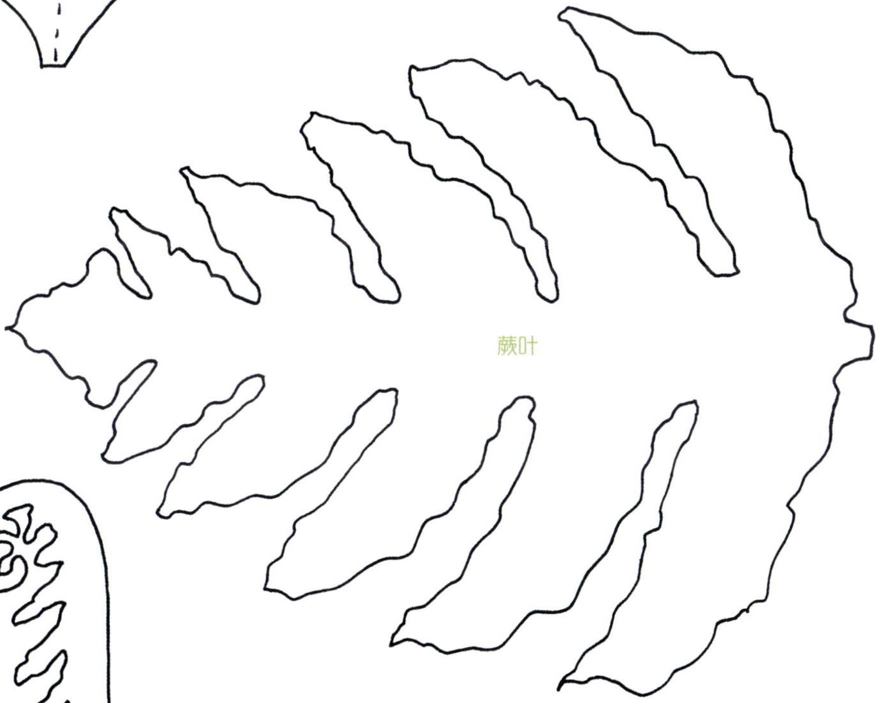

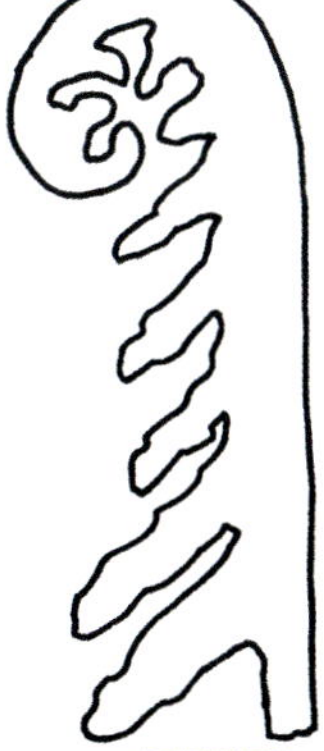

蜗形蕨叶

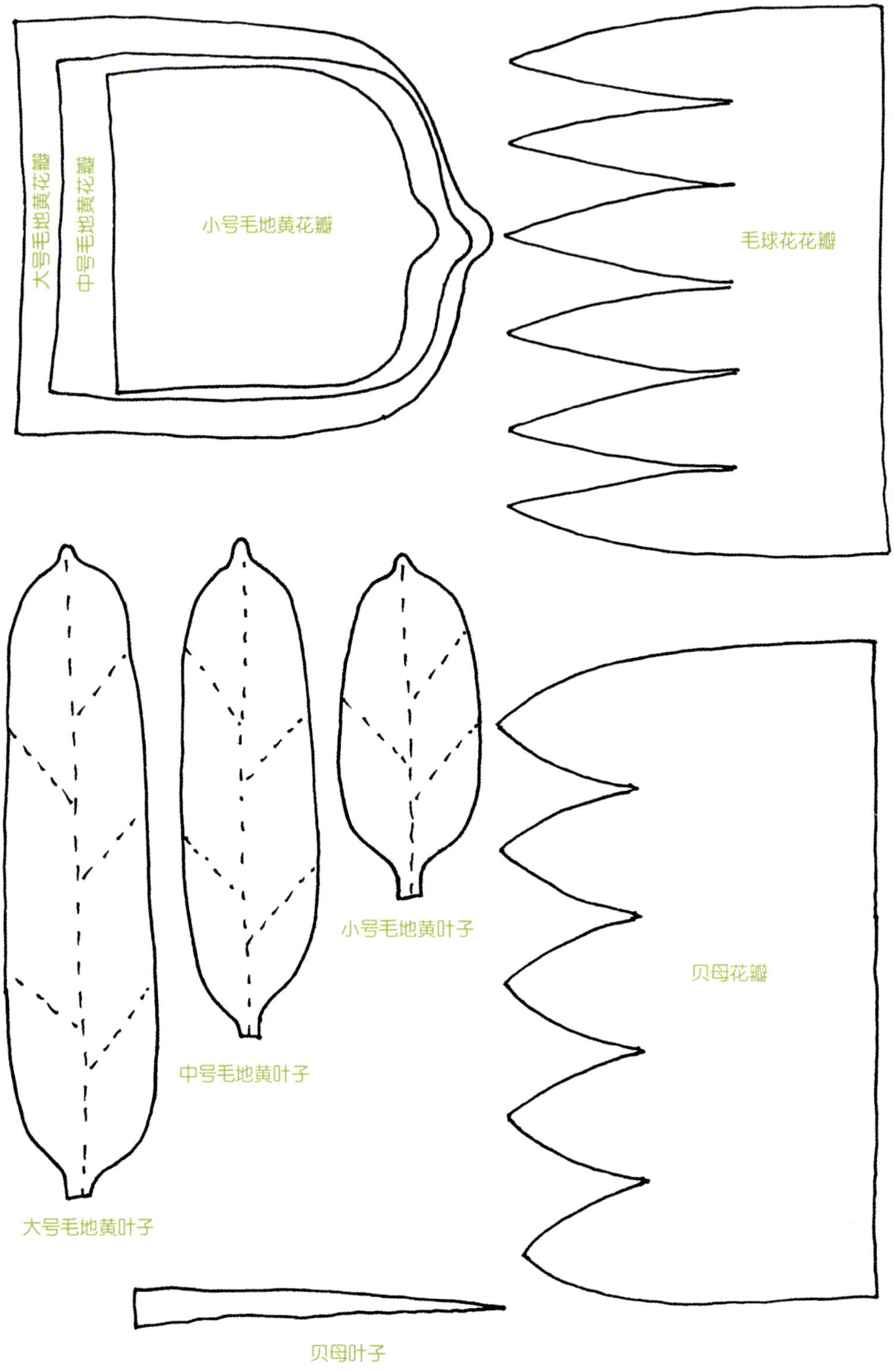
大号毛地黄花瓣
中号毛地黄花瓣
小号毛地黄花瓣
毛球花花瓣
小号毛地黄叶子
中号毛地黄叶子
大号毛地黄叶子
贝母花瓣
贝母叶子

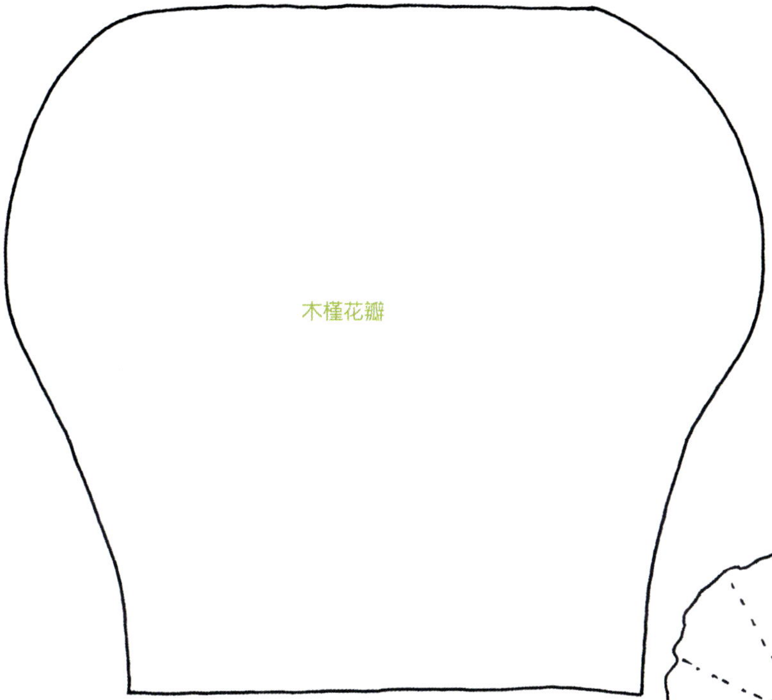

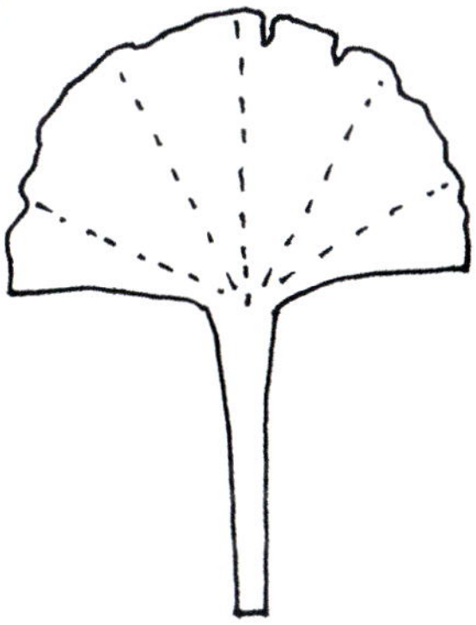

小号银杏叶子

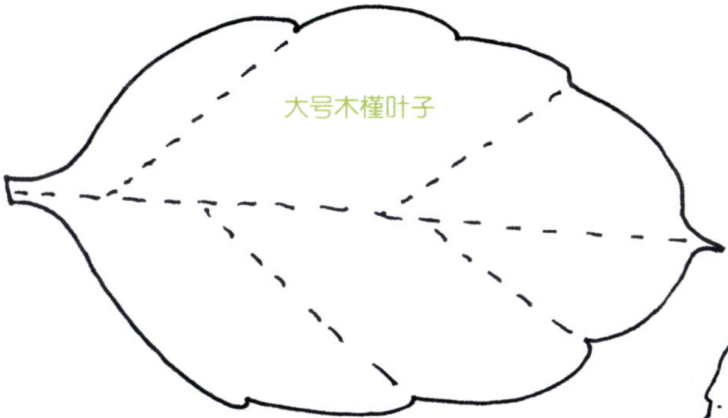

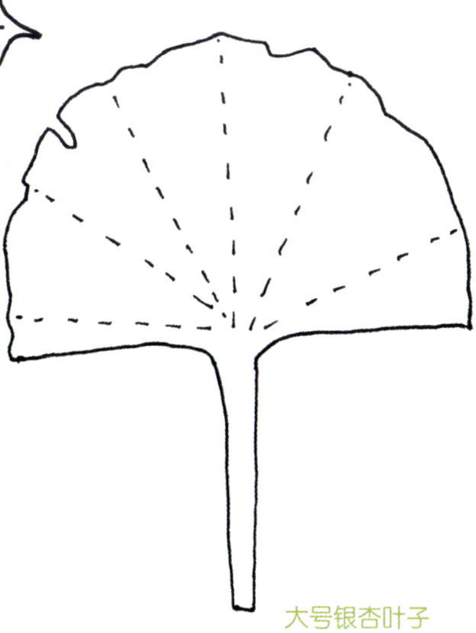

大号银杏叶子

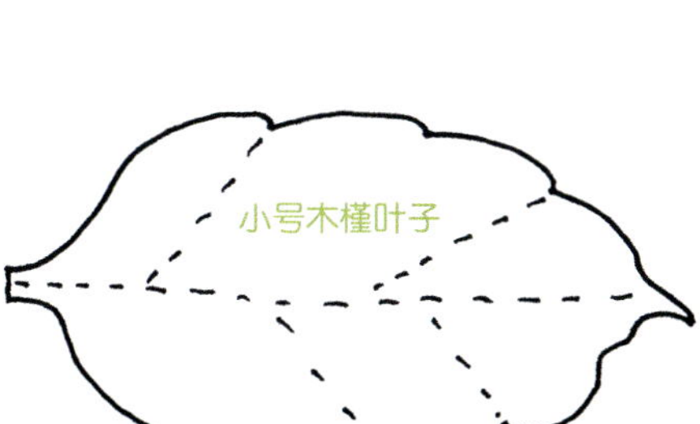

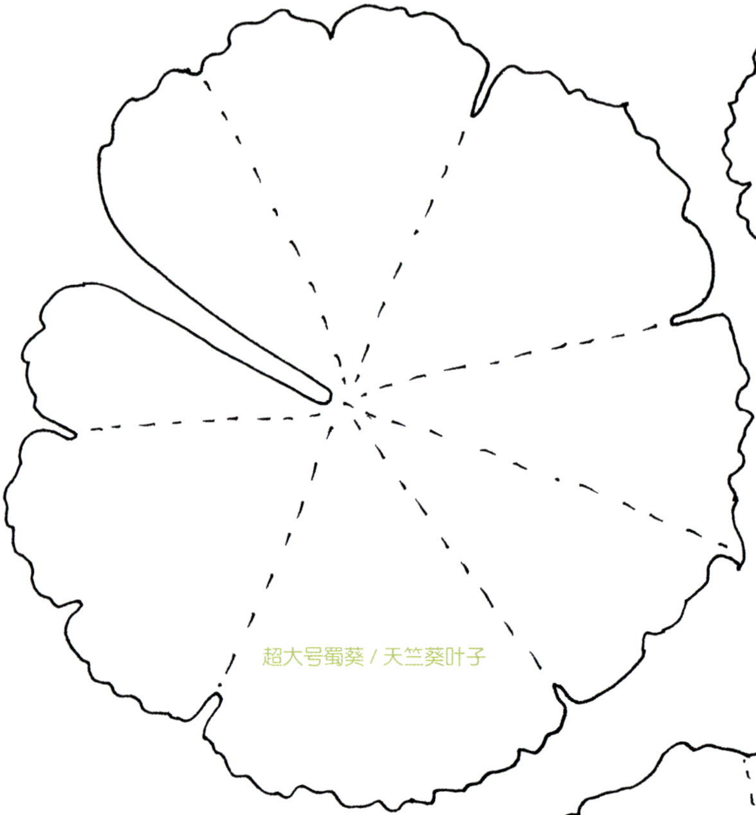

超大号蜀葵 / 天竺葵叶子

小号蜀葵 / 天竺葵叶子

蜀葵萼片

天竺葵花瓣

中号蜀葵 / 天竺葵叶子

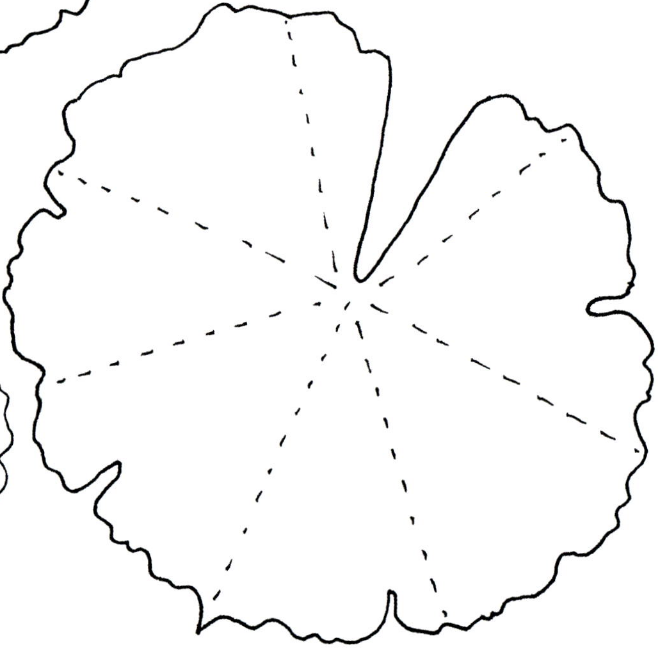

大号蜀葵 / 天竺葵叶子

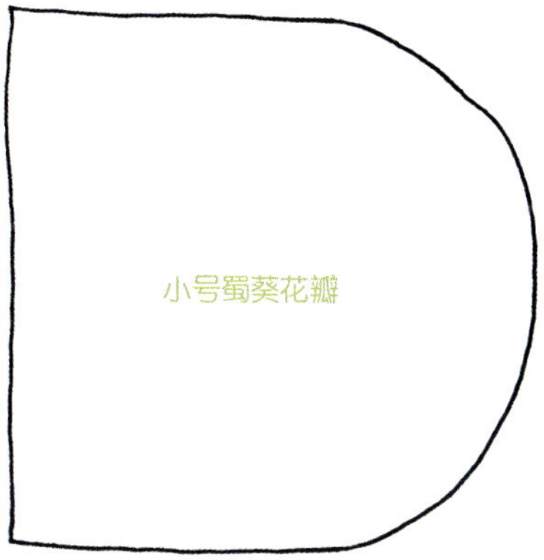
小号蜀葵花瓣

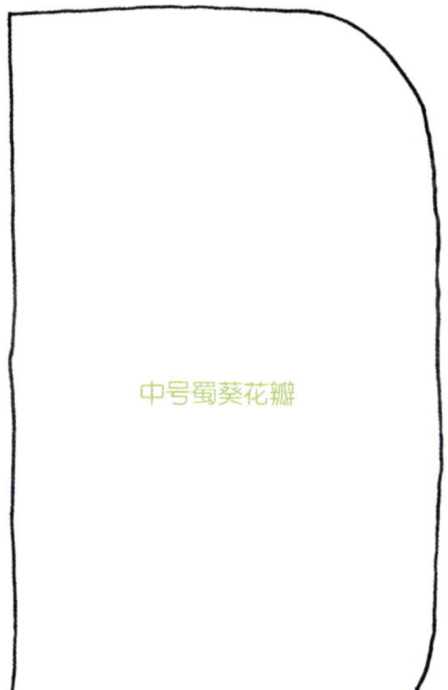
中号蜀葵花瓣

大号蜀葵花瓣
超大号蜀葵花瓣

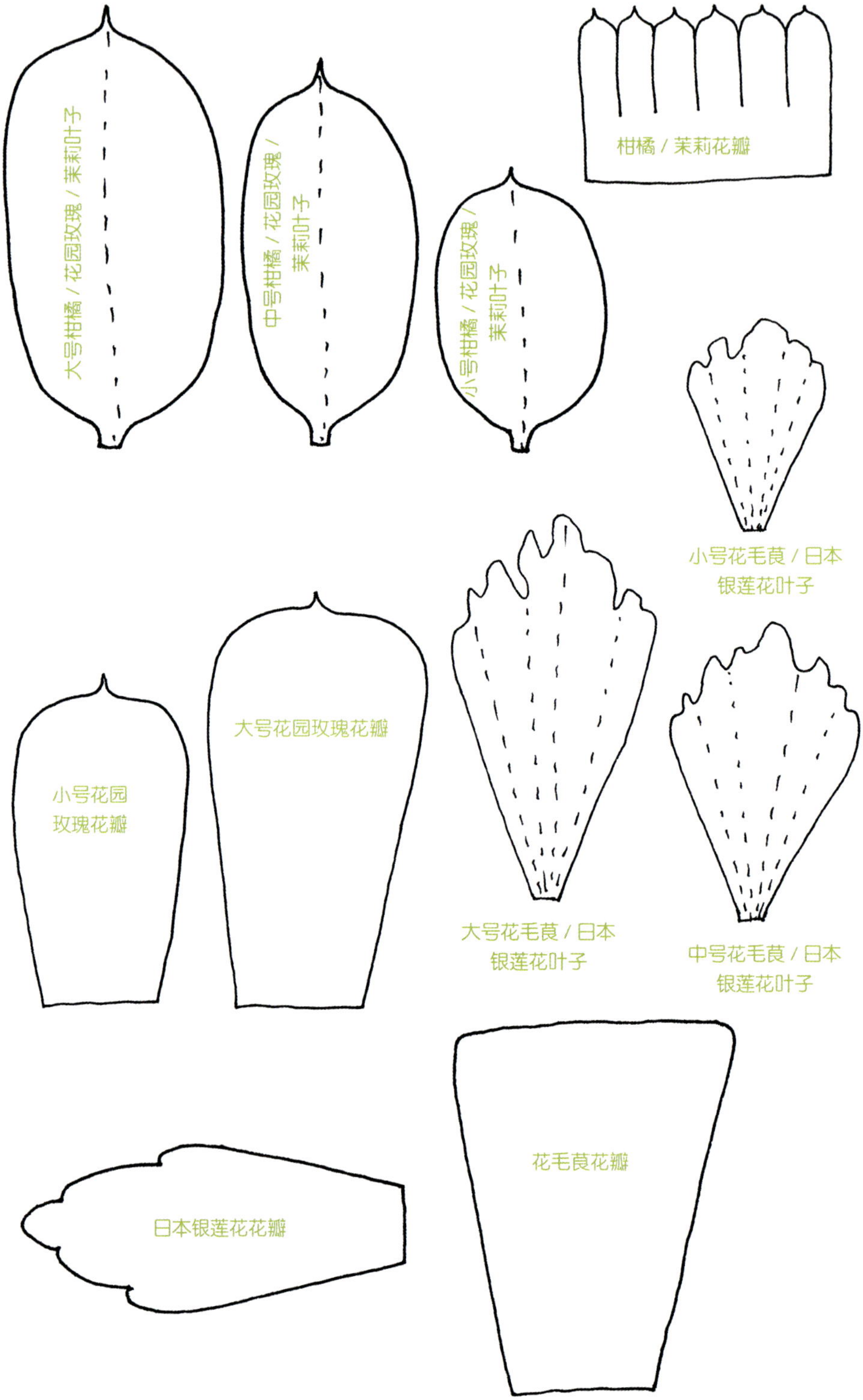
大号柑橘 / 花园玫瑰 / 茉莉叶子
中号柑橘 / 花园玫瑰 / 茉莉叶子
小号柑橘 / 花园玫瑰 / 茉莉叶子
柑橘 / 茉莉花瓣
小号花毛茛 / 日本银莲花叶子
大号花园玫瑰花瓣
小号花园玫瑰花瓣
大号花毛茛 / 日本银莲花叶子
中号花毛茛 / 日本银莲花叶子
花毛茛花瓣
日本银莲花花瓣

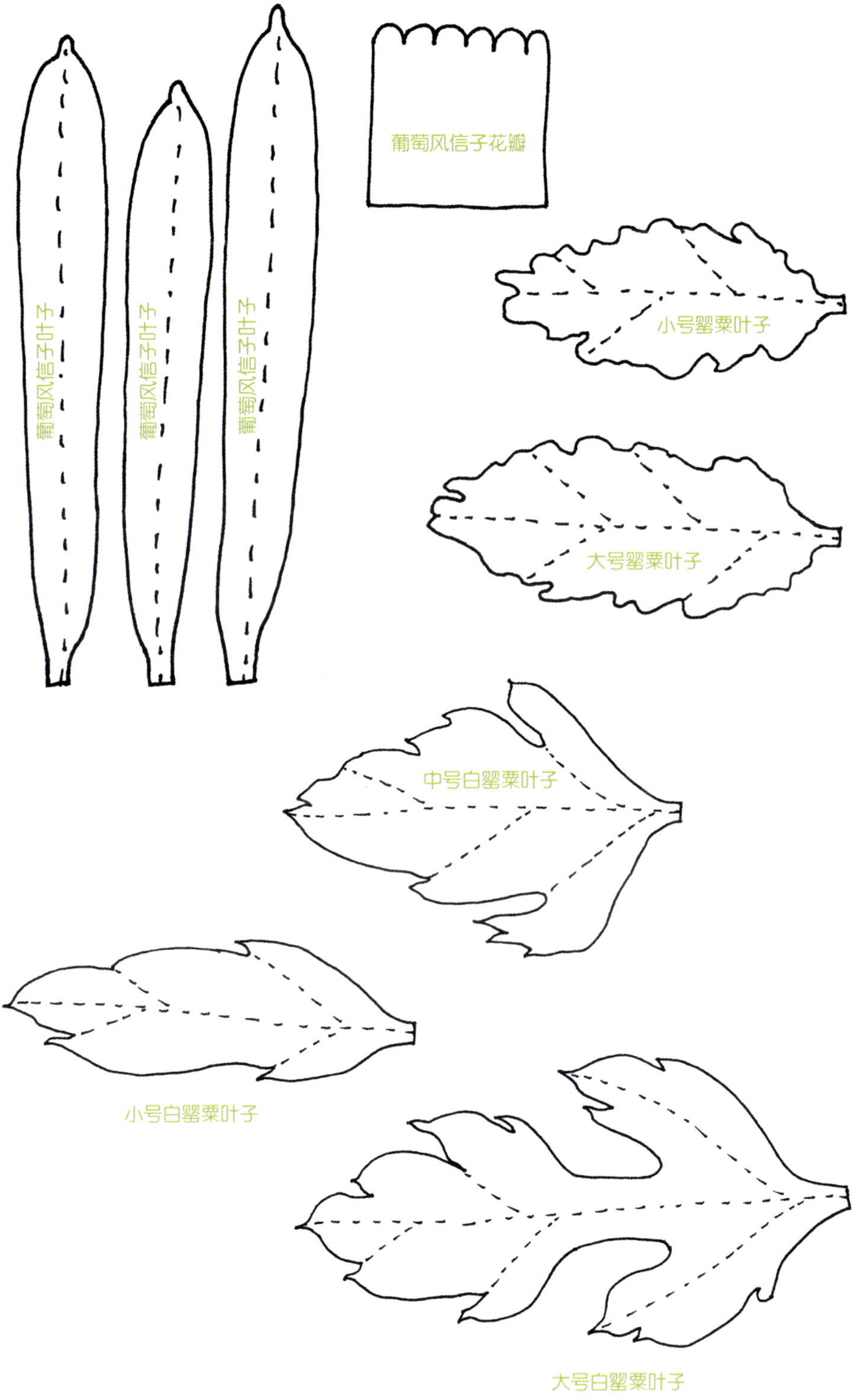
葡萄风信子叶子
葡萄风信子叶子
葡萄风信子叶子
葡萄风信子花瓣
小号罂粟叶子
大号罂粟叶子
中号白罂粟叶子
小号白罂粟叶子
大号白罂粟叶子

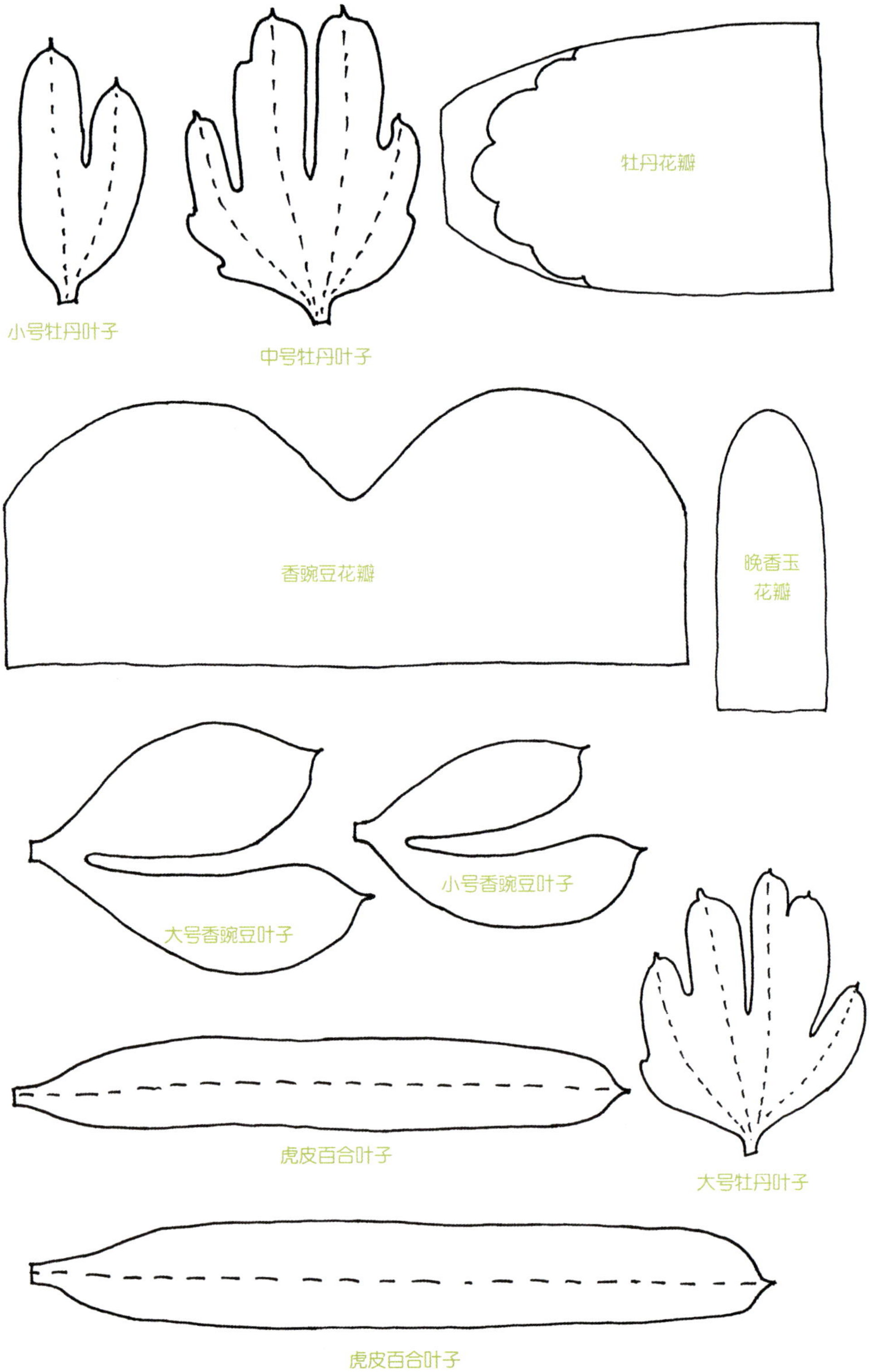
小号牡丹叶子
中号牡丹叶子
牡丹花瓣
香豌豆花瓣
晚香玉
花瓣
大号香豌豆叶子
小号香豌豆叶子
虎皮百合叶子
大号牡丹叶子
虎皮百合叶子

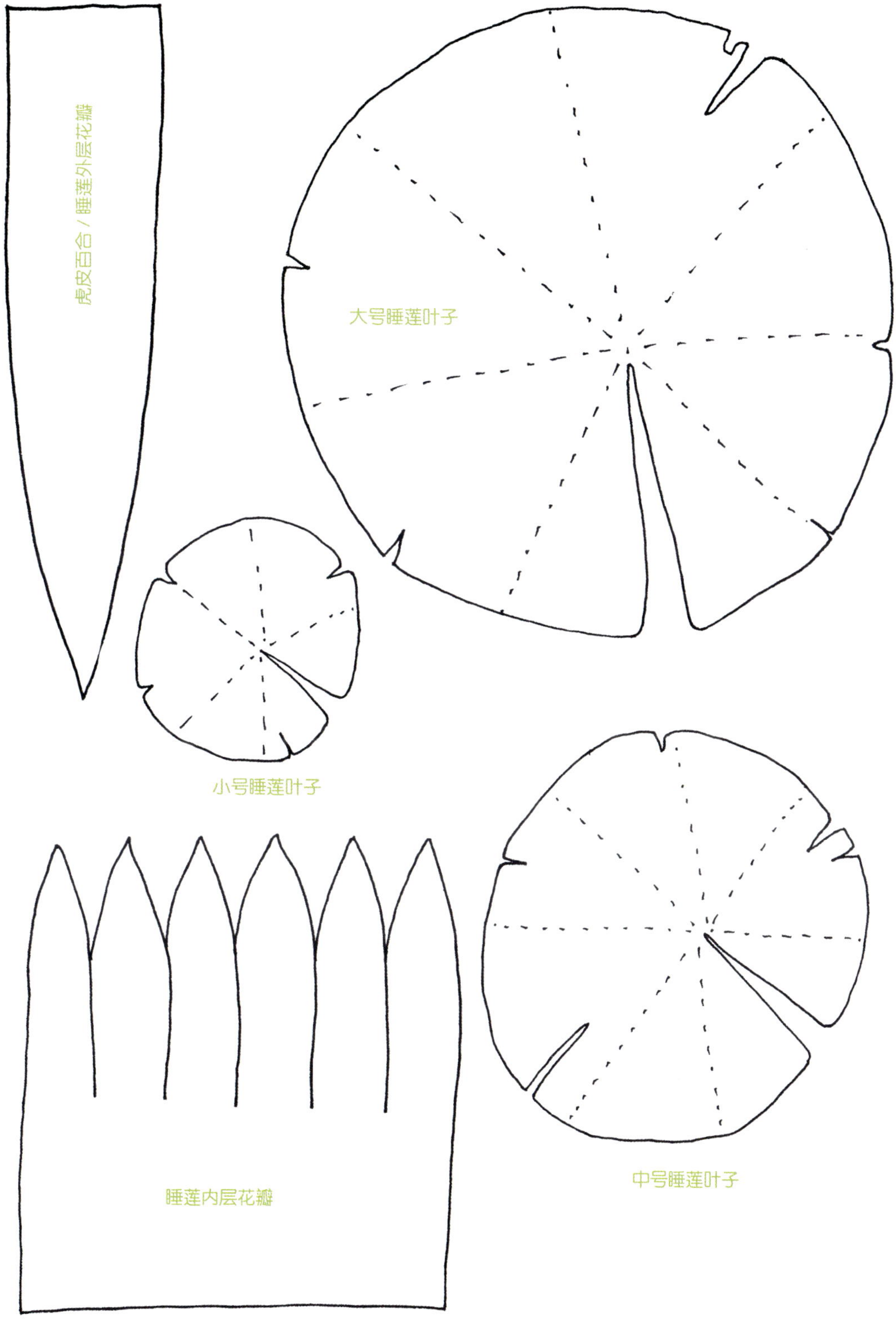

虎皮百合 / 睡莲外层花瓣
大号睡莲叶子
小号睡莲叶子
睡莲内层花瓣
中号睡莲叶子

鸣　谢

感谢乔·玛莎和利亚的帮助与支持，
感谢爸爸妈妈一如既往地鼓励我创作，
向丹特、米克和丹尼致谢——我爱你们。
感谢以下单位提供本书照片中用到的道具：
Parcel www.shopparcel.com
Mud Australia www.mudaustralia.com
Mod Collective www.gretelhome.com
Lauren White www.awhitecake.com
Signe Sugar www.signesugar.bigcartel.com
PropHAUS www.prophaus.com
ABC Carpet & Home www.abchome.com
Lilith Rockett www.lilithrockett.com
John Derian Company Inc www.johnderian.com
Utopia & Utility www.utopiaandutility.eu

利维娅·切蒂是一位纽约的花艺设计师和纸艺花制作艺术家。她是《玛莎·斯图尔特婚礼》杂志的特约编辑和《新娘》杂志的设计指导。她的作品曾经 8 次登上《玛莎·斯图尔特婚礼》杂志的封面，并且多次刊登在《造型》《美食美酒》《美国生活时尚》《世界时装之苑》《纽约》以及其他杂志的封面上。她的客户包括安·泰勒、歌帝梵、蔻驰、凯特·丝蓓、波道夫·古德曼等。欢迎浏览她的网站：www.thegreenvase.com。